基于 PIE 软件的
航海遥感应用与实践

刘丙新　李　颖　等著

图书在版编目(CIP)数据

基于 PIE 软件的航海遥感应用与实践/刘丙新等著．—武汉：中国地质大学出版社，2024.3

ISBN 978－7－5625－5795－1

Ⅰ．①基…　Ⅱ．①刘…　Ⅲ．①海洋遥感　Ⅳ．①P715.7

中国国家版本馆 CIP 数据核字(2024)第 050637 号

基于 PIE 软件的航海遥感应用与实践　　　刘丙新　**等著**

责任编辑：龙昭月　　　责任校对：张咏梅

出版发行：中国地质大学出版社(武汉市洪山区鲁磨路 388 号)　　邮编：430074

电　话：(027)67883511　　传　真：(027)67883580　　E－mail：cbb @ cug. edu. cn

经　销：全国新华书店　　http://cugp. cug. edu. cn

开本：787 毫米×1092 毫米　1/16　　字数：210 千字　　印张：9.5

版次：2024 年 3 月第 1 版　　印次：2024 年 3 月第 1 次印刷

印刷：武汉市籍缘印刷厂

ISBN 978－7－5625－5795－1　　定价：79.00 元

如有印装质量问题请与印刷厂联系调换

编 委 会

主　　编：刘丙新　李　颖

副 主 编：刘　鹏　陈　澎　张照亿

参编人员：程岭霄　许建康　王培霖　杜雨隆

刘　虎　王　超　韩淑敏　蔡培鑫

胡　泽　王承森

前 言

目前，国内外已建立了多个遥感系列卫星，这些卫星极大地丰富了遥感数据源及其应用领域。国外的 Landsat、EOS、哥白尼计划和国内的海洋、气象、环境、资源、高分系列卫星，已经被广泛地应用于海事应急监测、灾害评估、港口建设、交通建设、环境保护、资源调查等众多领域。在航海领域，遥感技术在航海目标监测和航行环境感知方面的应用越来越多，为船舶航行安全与航路规划提供支持。

目前，关于卫星遥感技术应用专题的书籍有很多，但应用于航海相关目标监测和信息反演的遥感参考用书比较缺乏。本书依托国产 PIE(Pixel Information Expert)软件，对一些典型航海目标的提取过程进行介绍。全书共 9 章。第 1 章介绍遥感与航海遥感的含义，常用的空间数据源、云计算平台和遥感图像处理软件，由刘丙新、韩淑敏、蔡培鑫编写；第 2 章介绍 PIE 软件的下载、安装注册及其功能，由刘鹏、张照亿、王超编写；第 3～5 章分别以近岸船舶、海洋溢油和海上风电场为目标，讲解目标识别原理与利用 PIE - SAR 实现的过程，由陈澎、程岭霄、王培霖编写；第 6～8 章介绍海冰、养殖区、海雾的识别原理与实现过程，所用软件为 PIE - Basic 和 PIE - SIAS，由刘虎、许建康、刘丙新、胡泽、王承森等编写；第 9 章以海洋水深为例进行遥感信息反演，由杜雨隆编写。全书由刘丙新和李颖统稿，由张照亿、蔡培鑫和韩淑敏校对。

本书的编写得到了教育部产学协同育人项目“基于 PIE 软件的海事特色遥感实践教材建设”、辽宁省本科教学改革项目“海事特色地理信息科学国家级一流本科专业建设的研究与实践”和大连海事大学研究生教学改革项目“基于科研平台的研究生创新能力培养机制研究”的联合资助。PIE 软件由航天宏图信息技术股份有限公司提供，Landsat 系列卫星数据由美国地质调查局的 Earth Explorer 及中国科学院计算机网络信息中心的地理空间数据云平台提供，哨兵(Sentinel)系列卫星数据由欧洲航天局(European Space Agency)哥白尼开放数据访问中心(Copernicus Open Access Hub)提供，高分系列卫星数据由中国资源卫星应用中心提供，风云四号卫星(FY - 4A)数据由国家卫星气象中心提供，在此一并表示感谢！

本书可作为航海、遥感科学与技术、地理信息科学、海洋科学及其他相关专业本科生、研究生的参考用书，也可供相关领域的科研人员参考借鉴。由于编者水平所限，书中难免有疏漏与不足之处，恳请读者批评指正。

著 者

2023 年 8 月 1 日

目　录

1 概 论

1.1 遥感与航海

1.1.1 遥 感

“遥感”一词有广义和狭义两种理解。从广义上讲，遥感是在不直接接触目标对象的情况下，通过传感器远距离采集目标对象的数据，并通过对数据的分析来获取有关地物目标、现象、区域的信息的科学技术。此时所说的采集方式可以是电磁波、声波，也可以是重力，采集方式和传感器的范围较狭义上的更宽泛。从狭义上讲，遥感是以电磁波为媒介，没有直接接触地探测海洋、陆地、大气信息，并揭示各要素的空间分布规律、时间变化规律的科学技术。此处所说的采集方式限制为电磁波，如可见光、红外、微波等。人们在日常中利用相机进行拍照就是一个遥感过程。

按照不同的分类原则，遥感技术可以分为不同的类型。根据遥感传感器搭载工作平台的不同，遥感分为地面遥感(船只、汽车平台)、航空遥感(飞机、飞艇等平台)、航天遥感(航天飞机、卫星平台)等；按传感器探测所使用电磁波波段的不同，可以分为可见光遥感、热红外遥感、微波遥感等；按传感器工作方式的不同，即传感器是否主动发射电磁波，可以分为主动遥感和被动遥感(雷达由传感器发射电磁波并接收地物所反射的电磁波，是一种主动遥感技术；被动遥感也称为无源遥感，是指直接接收来自目标物的辐射信息，并依赖于外部能源进行的遥感，如光学遥感)。

遥感具有宏观观测、动态监测、海量信息等特点。宏观性：搭载于卫星、高空飞机等平台的传感器，结合其较大的视场角设置，能够在短时间内获取数百平方千米区域的观测数据。如 Landsat 8 数据 1 景阿拉伯数字的覆盖范围约为 185km×185km。动态性：卫星平台具有较稳定的重复周期，尤其是极轨卫星，每次过境的地方时接近，可保证每次观测的光照条件基本一致，有利于不同日期数据的相互对比。海量性：一方面体现在探测波长范围和通道数量上，随着传感器技术的不断发展，遥感传感器的探测波段覆盖了紫外、可见光、近红外、热红外、微波等，探测通道数量由单通道发展为几个、几十、几百个通道；另一方面体现在观测数据类型的多样性上，如可见光-近红外传感器探测地物的反射率，热红外探测地物的表面温度或发射率，合成孔径雷达(synthetic aperture rader，SAR)、GNSS-R 等探测地物散射的微波能量。

1.1.2 航海遥感

目前，对于航海遥感的概念尚无明确定义。《中国航海科技发展报告(2020 版)总报告》中提到“航海遥感利用航天、航空和地面传感器对海洋和内河进行远距离非接触观测，以获取船舶航行要素(包括地理信息、海洋环境和人工要素)的图像和数据资料，主要包括船舶航行空间信息获取与反演、业务系统建设、新型传感器的研制等”。

近年来，随着遥感技术日益成熟及卫星产业不断发展，我国已逐步形成了资源、环境、气象、海洋、高分等对地遥感观测系列卫星，航天宏图信息技术股份有限公司、长光卫星技术股份有限公司、欧比特宇航科技股份有限公司等也已经发射或计划发射多颗卫星进行组网。不断丰富的国产遥感数据源，推动了卫星遥感技术在各个领域的应用。在航海领域，随着全球经济和贸易的日益繁忙，水上通航密度不断加大，海上气象水文环境复杂多变，间接影响着航运市场的发展，同时由于我国海事安全监管系统存在覆盖范围小、探测距离短等问题，海事监管部门无法对远海船只实现实时动态感知或提供优质保障服务。充分发挥卫星遥感技术资源潜力可以提升海事监管和服务保障能力，从而有效维护在航船舶的航行安全。

为了促进遥感技术在航海领域的应用，推进航海科学与遥感技术的推广和普及，促进航海遥感及相关领域科技人才的成长和提高，中国航海学会于 2014 年 8 月 7 日成立了航海遥感专业委员会作为中国航海学会分支机构之一。《海事系统“十四五”发展规划》提出，推动“陆海空天”一体化水上交通运输安全保障体系建设，利用北斗导航、卫星通信与遥感等技术构筑全球组网的交通安全应急卫星系统，全面提升我国对管辖水域的监视、管理和保障能力。

1.2 常用数据源

在实际工作中，由于数据提供不全或其他客观因素，在工作推进中总会为相关数据的获取问题所困扰。在遥感应用中，往往需要结合地理、经济、人口、环境等统计数据实现对某一现象或地物的详细分析。

本节介绍遥感影像数据、空间地理数据、海洋环境数据、自然灾害数据、天气气候数据、人口统计数据、生态环境数据、战争统计数据的几种下载或查询途径。

1.2.1 遥感影像数据

在遥感数据源方面，当前仍以光学卫星遥感数据最为容易获取，SAR 数据获取成本仍然较高。可公开获取的光学卫星遥感数据包括 Landsat 系列卫星数据、Sentinel 系列卫星数据和国产的高分、环境、海洋、气象等系列卫星的中低分辨率数据。易获取的 SAR 数据目前以 Sentinel - 1 为主，也可通过申请或合作方式获取国产高分三号卫星 SAR 数据。高分辨率光学卫星遥感数据和大部分 SAR 数据仍需要通过购买的方式获取。

(1)中国资源卫星应用中心陆地观测卫星数据服务。运行管理资源系列、高分系列、环境减灾系列、中巴系列等卫星。普通注册用户具有约 30 个卫星传感器的公开免费数据下载权限。网址:https://data.cresda.cn/#/home。

(2)对地观测数据共享计划。由中国科学院空天信息创新研究院建设、运行和维护的专业服务平台,可共享 Landsat-5、Landsat-7、Landsat-8、Landsat-9 数据,地表火点产品,地表反射率产品等。网址:http://ids.ceode.ac.cn/index.aspx。

(3)地理空间数据云。可查询并下载 Landsat、MODIS、EO-1、Sentinel、高分等的遥感影像数据,并且有数字高程、大气污染插值等方面的数据。网址:http://www.gscloud.cn/home。

(4)中国海洋卫星数据服务系统。包括海洋水色卫星数据(HY-1A 卫星、HY-1B 卫星和 HY-1C 卫星)、海洋动力环境卫星数据(HY-2A 卫星、HY-2B 卫星和 CFOSAT 卫星)和海洋监视监测卫星(高分三号卫星)三大模块。网址:https://osdds.nsoas.org.cn/。

(5)中分辨率成像光谱仪(Moderate Resolution Imaging Spectroradiometer,MODIS)数据。美国航空航天局研制的大型空间遥感仪器,用以了解全球气候的变化情况以及人类活动对气候的影响。网址:https://modis.gsfc.nasa.gov/。

(6)美国地质调查局的遥感数据集成下载平台。提供 Landsat 系列卫星数据、EO-1 卫星数据、AVHRR 数据、Sentinel-2 卫星数据及部分航拍、雷达等方面的数据。网址:https://earthexplorer.usgs.gov/。

(7)哥白尼开放数据访问中心(Copernicus Open Access Hub)。欧洲航天局 Sentinel 数据下载网站。可下载 Sentinel 系列卫星数据,尤其注意可下载 Sentinel-1 的 SAR 数据,这是目前唯一可免费下载的高分辨率 SAR 数据。网址:https://scihub.copernicus.eu/dhus/#/home/。

1.2.2 空间地理数据

(1)全国地理信息资源目录服务系统(National Catalogue Service for Geographic Information)。提供各类空间数据,包括地表覆盖、测量成果、遥感影像、数字高程模型、数字栅格地图等。网址:http://www.webmap.cn/main.do? method=index。

(2)国家地球系统科学数据中心(National Earth System Science Date Center)共享服务平台。涵盖大气圈、水圈、冰冻圈、陆地表层、海洋以及外层空间 18 个一级学科,是一个学科面广、多时空尺度、综合性国内规模最大的地球系统科学数据库群,建立了 115 个面向全球变化及应对、生态修复与环境保护、重大自然灾害监测与防范、自然资源开发利用、地球观测与导航等多学科领域的主题数据库。网址:http://www.geodata.cn/。

(3)标准地图服务。标准地图依据中国和世界其他国家国界线画法标准编制而成。社会公众可以免费浏览、下载标准地图(直接使用标准地图时需要标注相应的审图号)。网址:http://bzdt.ch.mnr.gov.cn/。

(4)资源环境科学与数据云中心。由中国科学院地理科学与资源研究所建立的资源环境科学数据集成、派生、共享与数值模拟平台。数据与我国现状的契合度很高。网址:http://www.resdc.cn/。

(5)Natural Earth。提供全球范围内的矢量数据和栅格数据,数据开放获取。网址:http://www.naturalearthdata.com/。

(6)OpenStreetMap。由网络大众共同打造的免费开源、可编辑的地图服务,可以下载很多建筑、道路等方面的数据。网址:https://www.openstreetmap.org/。

(7)天地图——国家地理信息公共服务平台。可以下载矢量地图、影像地图、地形渲染、地名注记等内容的开放性资源。网址:https://www.tianditu.gov.cn/。

(8)OpenTopography。提供全球范围内高空间分辨率的地形数据和操作工具的门户网站。网址:https://opentopography.org/。

(9)SRTM。全称为 Shuttle Radar Topography Mission,即航天飞机雷达地形测绘使命,由美国航空航天局和美国国防部国家图像和测绘局联合测量。SRTM 的数据是用16 位数值表示高程的,最大的正高程为 9000m,最小的负高程为海平面以下 12 000m。网址:https://opentopography.org/。

(10)中国科学院空天信息创新研究院对地观测数据共享计划。可供下载的空间地理数据主要是不同时期的影像地图等。网址:http://ids.ceode.ac.cn/。

(11)国家地理空间信息中心。网址:http://sgic.geodata.gov.cn/。

(12)地理监测云平台(Geographical Information Mornitoring Cloud Platform)。非常全面的数据平台,土地、生态、环境、气象、社会经济、灾害等方面的数据都有,但免费用户可以下载的内容不很全面。网址:http://www.dsac.cn/。

1.2.3 海洋环境数据

(1)全球水库和大坝数据库。为文字版数据。网址:https://www.taodocs.com/p-39742537.html。

(2)IIWQ。全称为 International Initiative on Water Quality,即国际水质倡议。提供几乎全球每个角落海岸线的 4 项水质情况数据(南极洲和北极圈部分陆域除外),所涉及的水质指标包括浊度(turbidity)、叶绿素 a(chlorophyll-a)、有害藻类指数[HAB (harmful algal blooms) indicator]和总吸收度(total absorption)。不同的颜色表征不同的浓度级别,通过地图可直观了解全球各地区的水质情况。网址:http://sdg6.worldwaterquality.org/。

(3)国家海洋科学数据中心。由国家海洋信息中心牵头,联合相关涉海单位、科研院所和高校等 10 余家单位共同建设。数据包括海洋水文、气象、生物、化学、底质、地球物理、地形等方面的实测数据、分析预报数据、地理与遥感数据等。网址:https://mds.nmdis.org.cn/pages/home.html。

1.2.4 自然灾害数据

(1)美国地质调查局(United States Geological Survey, USGS)Earthquake Hazards Program。可下载 USGS 记录的全球所有地震的 KML 文件。可用作一个数据集或按大小

或年份分组。网址:https://www.usgs.gov/programs/earthquake-hazards。

(2)全球地震灾害评估计划(Global Seismic Hazard Assessment Program,GSHAP)。通过网格化数据展示全球地震活动的危险风险。网址:http://gmo.gfz-potsdam.de/。

1.2.5 天气气候数据

(1) WorldClim。可下载世界范围内的气候变化数据。网址:https://www.worldclim.org/。

(2)国家气象科学数据中心。国内的气象数据分享中心,数据较全面。网址:http://data.cma.cn/。

(3)美国 NCEP/NCAR 气候变化情景(GIS Climate Change Scenarios)。由美国气象环境预报中心(National Centers for Environmental Prediction,NCEP)和美国国家大气研究中心(National Center for Atmospheric Research,NCAR)联合制作,采用了当今最先进的全球资料同化系统和完善的数据库,对各种来源(地面、船舶、无线电探空、测风气球、飞机、卫星等)的观测资料进行质量控制和同化处理,获得了一套完整的再分析资料集。网址:https://ral.ucar.edu/solutions/products/gis-climate-change-scenarios。

(4)世界海洋气候学数据库(Climatological Database for the World's Ocean 1750-1850,CLIWOC)。从1750—1850年航行期间编制的船舶日志汇编的数据,包括按日期、船舶和年份分类的各种气象观测资料。网址:https://link.springer.com/article/10.1007/s10584-005-6952-6。

1.2.6 人口统计数据

(1)WorldPop。全球多个大洲人口的高分辨率当代数据合集。网址:https://www.worldpop.org/。

(2)GeoHive。全球人口和国家统计数据(CSV 格式)。网址:https://geohive.ie/。

(3)国家统计局——人口普查。我国历次人口普查数据。网址:http://www.stats.gov.cn/sj/pcsj/。

1.2.7 生态环境数据

(1)中华人民共和国人与生物圈国家委员会图片库。网格化人类数据。网址:http://www.mab.cas.cn/tpk/。

(2)Reef Base GIS。全球珊瑚礁的 GIS 数据,包括广泛的属性数据。网址:http://www.reefbase.org/gis_maps/datasets.aspx。

(3)全球生物多样性信息网络(Global Biodiversity Information Facility,GBIF)。可以下载全球范围内的动植物多样性数据。网址:https://www.gbif.org/。

(4)世界土壤数据库(Harmonized World Soil Database,HWSD)。将许多地区和国家的土壤数据库与地图结合起来,分辨率为 30 弧秒。网址:http://westdc. westgis. ac. cn/data/611f7d50 - b419 - 4d14 - b4dd - 4a944b141175。

1.2.8 战争统计数据

(1)武装冲突位置及事件数据项目(Armed Conflict Location and Event Data Project,ACLED)。全球武装冲突地点和事件的数据。网址:https://acleddata. com/#/dashboard。

(2)全球恐怖主义数据库(Global Terrorism Database)。迄今为止全球恐怖主义研究领域涵盖恐怖主义事件最全面的数据库,收录了 1970—2017 年(每年更新)超过 17 万条恐怖主义袭击事件的相关数据,并且针对每起恐怖袭击事件都有近 135 个变量来记录其相关情况。网址:https://www. start. umd. edu/gtd/。

1.3 遥感影像云计算平台

(1)Google Earth Engine(GEE)。由 Google 提供,对大量全球尺度地球科学资料(尤其是卫星数据)进行在线可视化计算和分析处理的云平台。该平台能够存取卫星图像和其他地球观测数据数据库中的资料,并有足够的运算能力对这些数据进行处理。通俗地讲,就是 GEE 可以在线对遥感数据(或其他地球资料)进行处理分析,而不用将数据下载到电脑上进行处理。用户只需要把最后的结果下载到电脑上就可以了。网址:https://developers. google. com/earth - engine/datasets/。

(2)PIE - Engine 遥感计算云服务。简称 PIE - Engine,是一个集实时分布式计算、交互式分析和数据可视化为一体的在线遥感云计算开放平台,主要面向遥感科研工作人员、教育工作者、工程技术人员以及相关行业用户。它基于云计算技术,汇集遥感数据资源和大规模算力资源,通过在线的按需实时计算方式,大幅降低遥感科研人员和遥感工程人员的时间成本和资源成本。用户仅需要通过基础的编程就能完成从遥感数据准备到分布式计算的全过程,可使广大遥感技术人员更加专注于遥感理论模型和应用方法的研究,在更短的时间产生更大的科研价值和工程价值。PIE - Engine 以在线编程为主要使用模式,提供了完善的在线开发环境,包括资源搜索模块、代码存储模块、代码编辑模块、运行交互模块、地图展示模块等,是目前国内最接近 GEE 的产品。它有助于快速聚拢遥感行业用户资源,加速推动中国遥感技术生态圈的快速形成和发展。网址:https://engine. piesat. cn/dataset - list。

(3)AI Earth 地球科学云平台。基于阿里巴巴达摩院在深度学习、计算机视觉、地理空间分析等方向上的技术积累,结合阿里云强大算力支撑的云 GIS 工作空间,适用于多源对地观测数据的在线处理,同时支持开发者模式,可便捷调用海量公开数据进行云计算分析服务。网址:https://engine - aiearth. aliyun. com/#/。

1.4 遥感软件

(1)PIE。具有自主知识产权的国产遥感图像处理平台,代码完全自主可控;具有卓越的国产卫星数据全流程处理能力,并具备对国内外发射的主流遥感卫星数据处理的快速扩展能力,是完整的工程化应用平台;遥感与 GIS 一体化集成,提供从数据输入、数据处理、数据解译分析到专题产品输出的一体化解决方案;跨平台,热插拔,支持多语种,支持 Windows、Linux 及国产操作系统;采用插件架构,易于扩展;实现中文、英文等多语种一键切换;便捷的向导式二次开发,支持 C++、C# 等语言的二次开发,可快速集成 MATLAB、Fortran、IDL(interactive data language,交互式数据语言)等语言编写的算法。面向行业应用的快速扩展,支撑行业数据的显示、处理、分析、专题制图等流程。

(2)ERDAS IMAGINE。美国 ERDAS 公司开发的遥感图像处理系统。它以其先进的图像处理技术,友好、灵活的用户界面和操作方式,面向广阔应用领域的产品模块,服务于不同层次用户的模型开发工具以及高度的 RS/GIS(遥感图像处理和地理信息系统)集成功能,为遥感及相关应用领域的用户提供了内容丰富而功能强大的图像处理工具,代表了遥感图像处理系统未来的发展趋势。

(3)ENVI (the enviroment for visualizing images)。包含齐全的遥感影像处理功能,包括数据输入、数据输出、常规处理、几何校正、大气校正及定标、全色数据分析、多光谱分析、高光谱分析、雷达分析、地形地貌分析、矢量分析、神经网络分析、区域分析、GPS 联接、正射影像图生成、三维景观生成、制图等。这些功能连同丰富的可供二次开发调用的函数库组成了非常全面的图像处理系统。

(4)PCI Geomatica。加拿大 PCI 公司将其旗下的 4 个主要产品系列,即 PCI EASI/PACE、PCI SPANS、ACE、ORTHOENGINE,集成到一个具有同一界面、同一使用规则、同一代码库、同一开发环境的一个新产品系列。该系列产品在每一级深度层次上,尽可能多地满足该层次用户对遥感影像处理、摄影测量、GIS 空间分析、专业制图功能的需要,而且使用户可以方便地在同一个应用界面下完成工作。在这之前,用户需用多个软件来实现,并且需要面对多个软件经销商、多个软件技术支持、多次的培训、对多个软件的维护,以及不得不投入相当大的精力来在多种数据格式间进行数据转换。

(5)其他。欧洲航天局、美国航空航天局等针对特定卫星数据开发了一些专用软件。如欧洲航天局开发了 SNAP 软件,可对哨兵系列卫星数据进行针对性预处理。具体的可参考其官网的介绍。

2 PIE 软件的基本操作

2.1 软件体系

PIE 软件系列包括“一云、一球、一工具”(图 2.1)。

一云，即 PIE - Engine 时空遥感云服务平台，提供在线实时大规模、大尺度遥感智能计算云服务，能够开展时空数据、遥感计算、智能解译、数据处理、知识图谱、无人机、可视化分析等服务。完成注册即可在线进行数据的处理、分析与结果的输出，无须下载影像至本地。

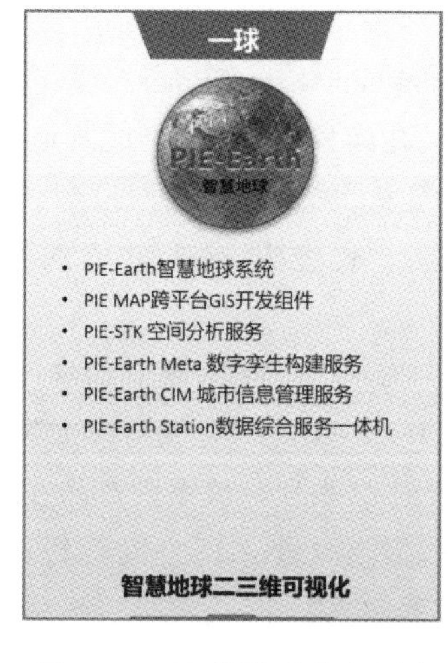

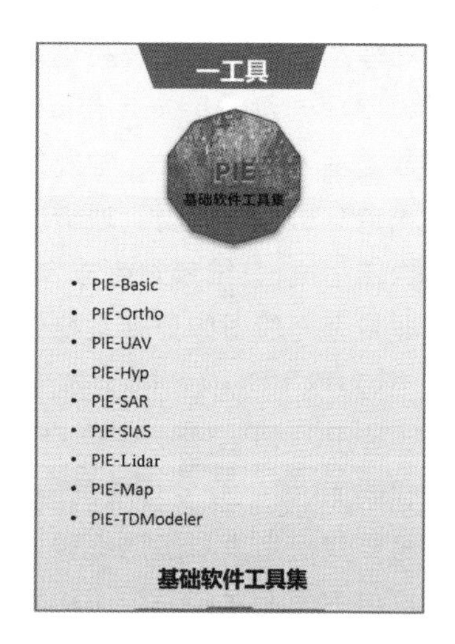

图 2.1　PIE 软件系列示意图

一球，即 PIE - Earth 智慧地球，是一个基于多源异构时空数据提供二三维一体化显示、分析和定制的开发平台。它支持接入加载多种时空数据，包括影像数据、矢量数据、地形数据等传统的地理信息数据，以及倾斜摄影模型数据、建筑信息模型（building information modeling，BIM）数据、点云数据、手工建模数据和图片视频等多媒体数据；支持无缝对接 PIE - Engine 平台卫星遥感影像、无人机影像、倾斜摄影模型等，能够满足实景三维建设中对多源异构时空数据的加载需求。

一工具，即一套高度自动化、简单易用的遥感与地理信息工程化应用平台，包括 PIE -

Basic、PIE-SAR、PIE-Ortho、PIE-Hyp、PIE-UAV、PIE-SIAS、PIE-Lidar、PIE-Map、PIE-TDModeler 等一系列桌面端软件。

2.2 软件功能介绍

PIE-Basic 遥感图像基础处理软件是一款集遥感与 GIS 于一体的高度自动化、简单易用的工程化应用平台，主要面向国内外主流的多源多载荷遥感影像数据提供遥感图像基础处理、预处理、信息提取及专题制图等全流程处理功能。软件采用组件化设计，可根据用户具体需求进行灵活定制，具有高度的灵活性和可扩展性，能更好地适应用户的实际需求和业务流程。

PIE-SAR 雷达影像数据处理软件是一款专业的星载 SAR 图像处理和分析软件，包括基础处理、区域网平差处理、InSAR 地形测绘、DInSAR 形变监测、时序 InSAR 形变监测和极化 SAR 分割分类处理等模块，涵盖 RD 生成 RPC、多模态匹配、RD/RPC 模型区域网平差、最小费用流相位解缠、地形复杂区 SAR 影像高精度定位、PS-InSAR 时序形变监测等核心功能。PIE-SAR 软件对国产高分三号、TH-02A/B 卫星数据全面支持。

PIE-Ortho 卫星影像测绘处理软件是一款针对国内外卫星遥感影像数据进行测绘生产的专业处理工具，可快速批量化完成数字正射影像(digital orthophoto map，DOM)、数字高程模型(digital elevation model，DEM)和数字地表模型(digital surface model，DSM)生产，已广泛应用于国土、测绘、农业、林业、水利、环保等相关行业。软件支持集群分布式运算，能够充分利用计算资源，实现海量数据的分布式自动化处理，进而大大提升作业效率，缩短项目周期，可满足不同规模的数据生产需求。

PIE-Hyp 高光谱影像数据处理软件是一款面向高分五号、珠海一号、Hyperion 等国内外主流高光谱影像的全流程处理系统。软件涵盖影像质量评价及修复、图谱分析、辐射校正、几何校正、目标探测、地物分类、参量反演分析等专业处理功能。结合地物波谱库提供的光谱信息查询、分析与管理能力，能够实现水环境监测、农作物精细化分类、岩矿识别等高精度定量应用，为生态环保、精准农业和自然资源等领域提供完整的应用解决方案。

PIE-UAV 无人机影像处理软件是航天宏图信息技术股份有限公司自主研发的一套高度自动化的无人机影像处理工具，具备多平台、多载荷航空数据的特征提取、特征匹配、影像对齐、相机优化、DEM 生成、正射校正、影像拼接等一系列专业处理功能。软件界面简洁，操作简单，可一键式完成大批量航空影像数据的流程化生产。

PIE-SIAS 尺度集影像分析软件是航天宏图信息技术股份有限公司自主研发的一款先进的影像分析工具，软件采用面向对象的分析方法，在影像信息挖掘方面取得了质的飞跃。PIE-SIAS 拥有面向多源遥感数据的全流程解译分析能力，功能覆盖尺度集分割、人工样本选择、自动样本选择、面向对象分类、变化检测、分类后处理、半自动交互式信息提取、专题制图于一体。

PIE - Lidar 激光点云数据处理软件是一款面向机载、车载、固定站、同步定位与地图构建(simultaneous localization and mapping,SLAM)激光扫描数据的专业级激光雷达数据处理软件。软件主要功能包括海量点云可视化及编辑、基于点云和轨迹线的数据质检、矢量绘制和工程化数据分幅处理、点云自动/手动分类、点云统计分析、海量 DEM 数据生成及编辑、基于严密几何模型的航带修正、等高线/坡度/坡向等地形产品生成、快速高效 DOM 生成、激光雷达电力线、林业分析等,支持多种数据格式导出。

PIE - Map 地理信息系统软件是一款由航天宏图信息技术股份有限公司自主研发、具有自主知识产权的新一代空天地二三维一体化的地理信息平台。产品自底层向上全体系代码完全自主研发,具备完全自主可控、性能高、扩展灵活等优势。产品功能覆盖多源海量数据接入、丰富的数据编辑、二三维场景高效渲染、强大的地理信息空间分析、要图标绘、地图制图、多端共享协同以及定制二次开发能力。同时面向政府、企业、军队等行业用户,支撑国土资源、环保、水利、战场环境等各种应用,满足不断发展的基于地理信息系统的行业应用需求。

PIE - TDModeler:《全国基础测绘中长期规划纲要(2015—2030 年)》指出,到 2030 年全面建成新型基础测绘体系,依据《新型基础测绘体系建设试点技术大纲》和《实景三维中国建设技术大纲》的要求,结合实景三维建设具体实践,航天宏图信息技术股份有限公司提出了实景三维中国建设解决方案,基于 PIE 产品体系,推出实景三维模型制作与发布系统 PIE - TDModeler。系统包括全自动建模软件 PIE - Smart、实景三维测图软件 PIE - GeoEnt、实景三维建模单体化软件 PIE - Model 以及实景三维展示软件 PIE - Viewer,具备室内外、地上地下、水域陆地等多源数据一体化高精度建模处理,二三维地理实体构建,入库管理、发布展示、应用分析等全链路服务能力。

PIE - SDK 是由航天宏图信息技术股份有限公司自主研发的 PIE 二次开发组件包,集成了专业的遥感影像处理、辅助解译、信息提取、专题图表生成、二三维可视化等功能。底层采用微内核式架构,由跨平台的标准 C++编写,可部署在 Windows、Linux、中标麒麟等操作系统中。提供多种形式的 API,支持 C++、C#、Python 等主流开发语言,提供向导式二次开发包,可快速构建遥感应用解决方案。

2.3 软件获取

本书涉及到的软件平台包括 PIE - Basic、PIE - SAR、PIE - Engine 和 PIE - SIAS。其中,桌面端软件可通过航天宏图信息技术股份有限公司官网(https://www.piesat.cn/)进入“产品中心”,选择“下载中心”,点击“软件下载”进行下载。

下载安装后,可通过人工授权或在线授权方式获得软件使用许可码。初次打开软件时,按要求输入获取的许可码,即可开始使用软件。

通过航天宏图信息技术股份有限公司官网进入“PIE - Engine”页面,选择“免费注册”,注册成功即可使用该平台。

3 近岸船舶识别提取

3.1 背景与意义

近岸船舶识别提取非常重要，可以应用于海上交通管理、海上安全监控等方面。从技术角度来看，近岸船舶识别提取是一项复杂的技术任务，需要结合多种技术手段来实现。这些技术手段包括图像处理、模式识别、机器学习等。从应用角度来看，近岸船舶识别提取可以应用于海上交通管理、海上安全监控等方面。这些应用领域对近岸船舶识别提取的准确性和实时性要求非常高。

合成孔径雷达(SAR)是一种先进的主动式微波传感器，被广泛应用于地质勘测、灾害救援、气候监测、农业管理、海洋监视等领域。作为一种典型海洋监视任务，海面船舶检测及识别在民用领域和军事领域都具有重要应用价值。在民用领域，它有助于海洋交通监测、港口船只调度、海洋渔业管理、海难紧急救援、海洋环境保护等；在军事领域，它有助于海洋边境管制、海洋主权维护、非法移民管控、海战战略部署等。图 3.1 展示了 Sentinel-1 星载 SAR 卫星对黑海区域的海面船舶监视结果。相比于光学、红外、高光谱等其他遥感工具，SAR 能够全天时全天候运行，不受光照和气候影响，十分适合监视气候多变的海洋区域。因此，近年来，利用 SAR 来实现海面船舶检测及识别受到学者广泛关注。在 SAR 图像中，近岸船舶受到岸上建筑物的干扰严重，尤其是对于排列紧密的近岸船舶来说，其对比度相似，很难区分船舶与背景。

目前，国内外已开发了一系列相对成熟的 SAR 海面船舶监视系统平台，如加拿大 OMW 系统、美国 AKDEMO 系统、欧洲航天局 SUMO 系统、挪威 Eldhuset 系统、英国 MaST 系统、中国 Ship Surveillance 系统等。表 3.1 总结了国内外部分代表性 SAR 海面船舶监视系统平台。这些系统嵌入了各不相同的检测识别算法，实现了海面船舶的有效监视，促进了船舶检测及识别技术的发展。

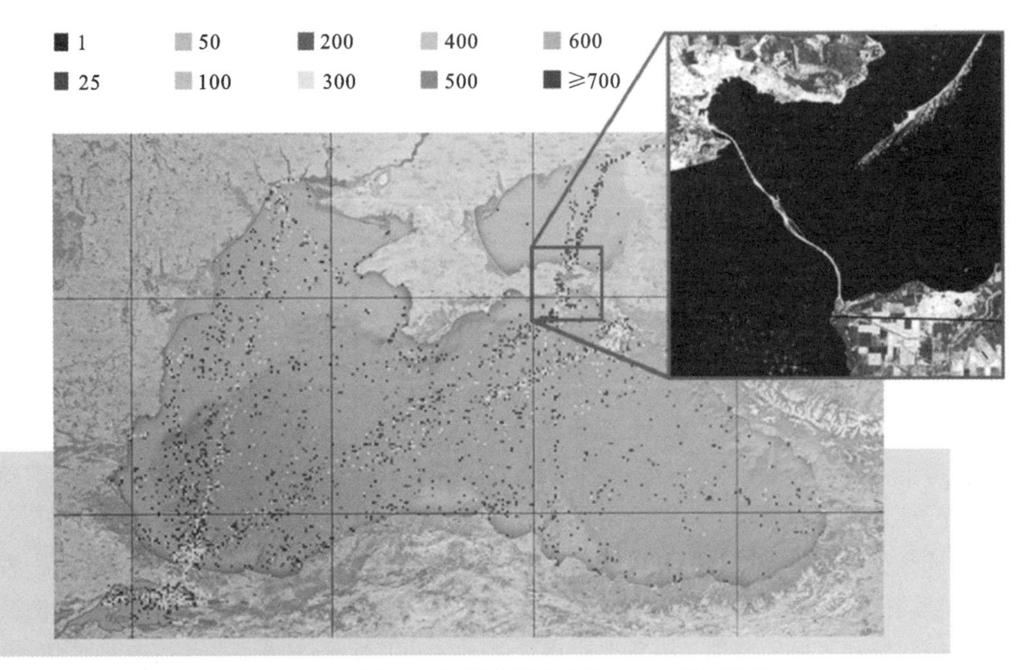

图 3.1　Sentinel－1 星载 SAR 卫星的海面船舶监视结果

表 3.1 国内外代表性 SAR 海面船舶监视系统平台

系统名称	支持卫星	机构	国家/地区
OMW	ERS-1/ERS-2/RADARSAT-1	DERO/DND/CCRS/Satlantic	加拿大
AKDEMO	RADARSAT-1 NOAA	NOAA	美国
SUMO	ENVISAT/RADARSAT-1/Sentinel-1	JRC	欧洲
VDS	ENVISAT/RADARSAT-1/RADARSAT-2	EMSA	欧洲
Eldhuset	ERS-1/ERS-2/Seasat	NDRE	挪威
MeosView	ENVISAT/RADARSAT-1	KSAT	挪威
MaST	ENVISAT/RADARSAT-1	QinetiQ	英国
Ship Surveillance	RADARSAT-1	中国科学院	中国

3.2 原理与思路

3.2.1 船舶检测原理

SAR 图像是通过向地球表面发送微波脉冲并测量回波的时间延迟和振幅而产生的。这些图像在遥感应用(包括海洋监测和船舶探测)中非常有用,因为它们对表面粗糙度、结构和电介质特性非常敏感。以往研究提出了各种方法,包括基于深度学习的方法、多尺度特征映射和自适应分层检测方法,来检测 SAR 图像中的船舶。这些方法显示了有希望的结果,通过进一步探索可以提高 SAR 船舶识别的准确性和稳健性。复杂场景 SAR 图像是指包含有不同大小、方向和背景杂波的多个目标的 SAR 图像。这些图像可能由于各种因素而变得复杂,如天气条件、海况和场景中的多个目标。场景中的多个目标会使 SAR 图像分析具有挑战性,因为背景杂波可能会与感兴趣的目标重叠,从而导致低信噪比。此外,目标可能有不同的尺寸和方向,使探测更加复杂。例如,一艘小船可能类似于噪声,而一艘大船可能与背景混合在一起,使得它们各自之间难以区分。由于这些问题的存在,传统的方法很难在复杂场景的 SAR 图像中准确和有效地检测到船舶,复杂场景的 SAR 图像对船舶检测的影响是很大的。

海面和船舶的 SAR 成像可以描述为目标和粗糙表面的复合散射问题,如图 3.2 所示。物体的后向散射强度决定了 SAR 幅值图像中像素的灰度值。在低海况或海面相对平静时,海面以镜面散射为主,电磁回波能量较小;当海况较差或海面风速较大时,波浪运动导致海面起伏不平,海面反射以漫反射为主。与海面等自然分布场景相比,人造金属船舶目标由平面、斜面以及更为复杂的结构组成。因此,船舶的散射机制比背景更为复杂,包括与雷达波束垂直区域的直接反射、角反射以及船舶和海面的多重反射,从而使船舶在 SAR 图像中显得更亮。不容忽视的是，船舶的后向散射强度还取决于雷达仪器的构造材料和特性，如入射角、频率、偏振和分辨率等。

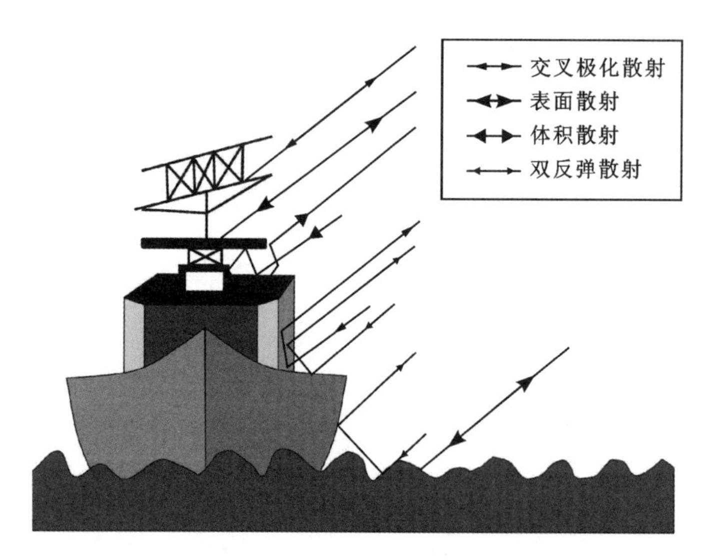

图 3.2　船舶散射机制概念图

从电磁学的角度来看，船舶可被视为一个显著散射体，其特点是具有强烈的相干后向散射信号。利用船舶目标与背景之间的亮度差异，通过检测阈值的不同对它们进行分割，这也是恒虚警率(constant false-alarm rate，CFAR)成为 SAR 图像分析中最常用船舶检测方法之一的原因。

自 20 世纪 80 年代以来，多种 SAR 船舶检测方法被提出。随着人工智能兴起，深度学习方法得到广泛的应用。传统 SAR 船舶检测方法最显著特点是特征的手工提取，通常基于可解释的数学理论并借鉴成熟的专家经验来分析 SAR 图像中海面船舶的特点，通过手工方式定义船舶特征，最后基于预先定义的特征在 SAR 图像中搜索船舶。这些方法可大致细分为基于全局阈值的、基于恒虚警率的、基于广义似然比的、基于极化分解的、基于变换域的、基于视觉显著性的、基于超像素的等。深度学习 SAR 船舶检测方法最显著特点是特征的自动提取，此过程中只需要少量的人工参与，通常使用卷积神经网络(convolutional neural network，CNN)在给定真值标签的训练样本上进行自动的特征学习。尽管学习到的特征很抽象，并且很难被人类理解和认知，但却以更高的精度、更快的速度、更简洁的设计流程等显著优势在目前的船舶识别中成为主流。

3.2.2　近岸船舶检测的基本思路

经典的船舶识别思路主要包括预处理、陆地掩膜、预筛选以及目标鉴别 4 个基本步骤。图 3.3 展示了多步骤 SAR 船舶检测的基本流程。预处理主要包括图像辐射校正、相干斑噪声抑制、射频干扰抑制等相关预处理技术；陆地掩膜负责将陆地和海洋分离出来，提出陆地区域，从而关注到感兴趣的海洋区域；预筛选负责初步搜索潜在船舶目标，该步骤搜索阈值一般较低，可能会产生很多虚警；目标鉴别负责对预筛选后的潜在目标和虚警目标进行背景-目标切片的二分类鉴别，从而剔除预筛选阶段可能产生的虚警。早些年，深度学习也被应用到了图像预处理、陆地掩膜、预筛选以及目标鉴别的单个或多个步骤中，以改善某个中间步骤的性能，从而达到提升最终检测性能的目的。

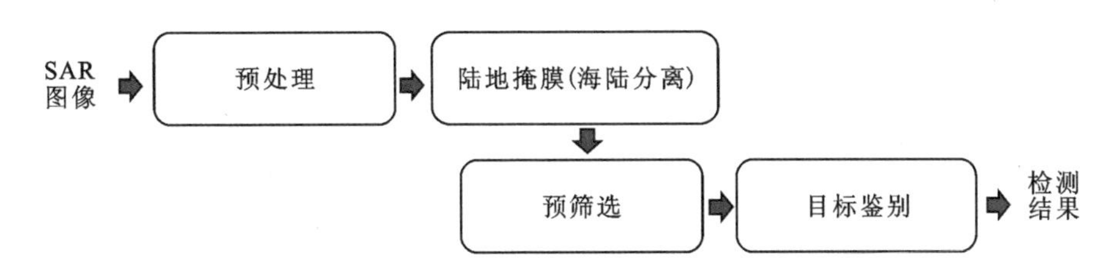

图 3.3　多步骤 SAR 船舶检测基本流程

近年来广泛应用的端到端的深度学习检测器避免了图像预处理、陆地掩膜、预筛选、目标鉴别等烦琐的中间环节，极大简化了设计流程，提高了工作效率。图 3.4 展示了端到端的双阶段 SAR 船舶检测基本流程。由图 3.4 可知，端到端的双阶段 SAR 船舶监测首先使用一个骨干网络（backbone network）进行提取特征，然后借助一个区域建议网络（region proposal network，RPN）执行前景（即船舶）背景二类别预测和初始候选框的位置粗回归这两项任务，从而产生初始的感兴趣候选区域（region of interest，ROI）。紧接着，通过例如 ROIPool、ROIAlign 等感兴趣候选区域特征提取器（ROI extractor，ROIE）将 RPN 生成的 ROI 候选框映射到骨干网络的特征图上来提取指定区域的特征子集。最后，将提取到的特征子集输入到一个 Fast R－CNN 检测头中进行精细化的具体类别预测和位置回归修正。双阶段检测模型一般包含初始区域生成和最终区域分类回归这两个阶段。在深度学习计算机视觉领域中，双阶段检测模型也常被称作基于有区域建议的模型（region－based model，RB－model）。

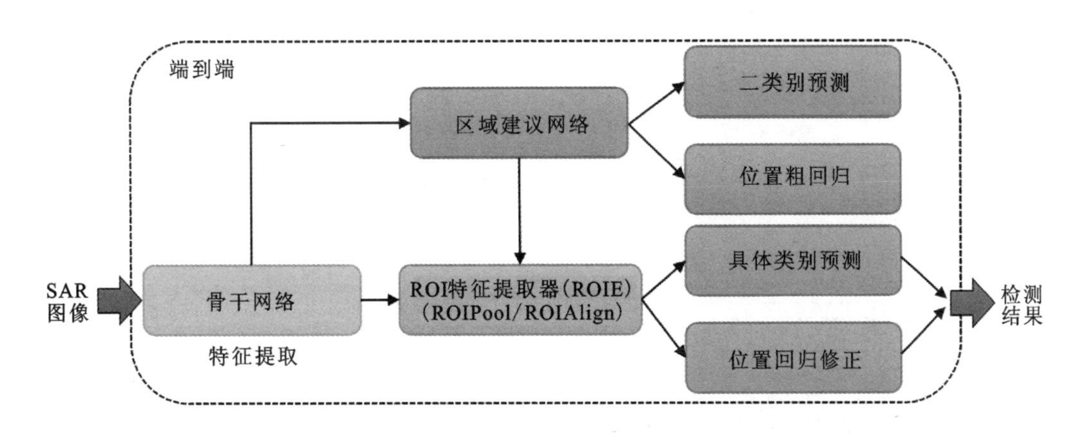

图 3.4　端到端的双阶段 SAR 船舶检测基本流程

3.3 多尺度边界框 SAR 船舶检测数据集

多尺度边界框 SAR 船舶检测数据集(bounding box SAR ship detection dataset,BBox-SSDD)是在初步建立的早期 SSDD 的基础上,剔除了原有错误标签之后,重新进行船舶标注后得到的。表 3.2 为多尺度 BBox-SSDD 的信息概览。由表 3.2 可知,多尺度 BBox-SSDD 提供了 1160 张 SAR 图像样本。SAR 图像样本来自加拿大的 RADARSAT-2 卫星、德国的 TerraSAR-X 卫星和欧洲航天局的 Sentinel-1 卫星,平均尺寸约为 500 像素×500 像素,极化方式有 HH 极化、VV 极化、VH 极化和 HV 极化,空间分辨率范围为 1~15m,地点主要为中国烟台港和印度维萨卡帕特南港。图 3.5 为多尺度 BBox-SSDD 中 VV 极化和 VH 极化的船舶影像数据:船舶所处环境有良好海况也有较差海况,有复杂靠岸场景也有简单离岸场景。据统计,多尺度 BBox-SSDD 中共有 2587 只船舶,其中:最小尺寸船舶的宽和高分别为 5 像素和 4 像素,仅占 20 个像素;最大尺寸船舶的宽和高分别达到了 180 像素和 308 像素,所占像素高达 55 440 个。最大尺寸船舶比最小尺寸船舶大 2771 倍,这表明多尺度 BBox-SSDD 的船舶尺度差异较大,因此该数据集十分适合用来衡量模型的多尺度 SAR 船舶检测性能。

表 3.2 多尺度 BBox-SSDD 信息

信息项	内容
传感器	RADARSAT-2、TerraSAR-X、Sentinel-1
SAR 图像样本数量/张	1160
图像平均尺寸/(像素×像素)	500×500
训练测试比例	8:2
极化方式	HH、VV、VH、HV
空间分辨率/m	1~15
地点	中国烟台港,印度维沙卡帕特南港
海况	良好,较差
场景	复杂靠岸场景,简单离岸场景
船舶数量/只	2587
最小尺寸的船舶(宽×高)/(像素×像素)	5×4
最大尺寸的船舶(宽×高)/(像素×像素)	180×308

图 3.6 展示了多尺度 BBox-SSDD 的船舶尺度分布情况。由图 3.6 可知,多尺度 BBox-SSDD 中的船舶呈现明显的多尺度分布,有众多集中在左下角的小尺寸船舶,也有一部分零

星分布的大尺寸船舶。这进一步表明了该数据集十分适合用来衡量模型的多尺度 SAR 船舶检测性能。

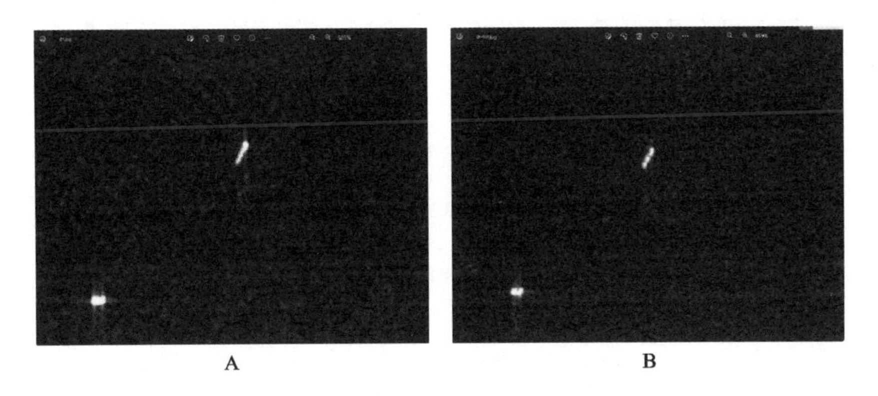

A. VV 极化；B. VH 极化。

图 3.5　不同极化方式的船舶影像数据

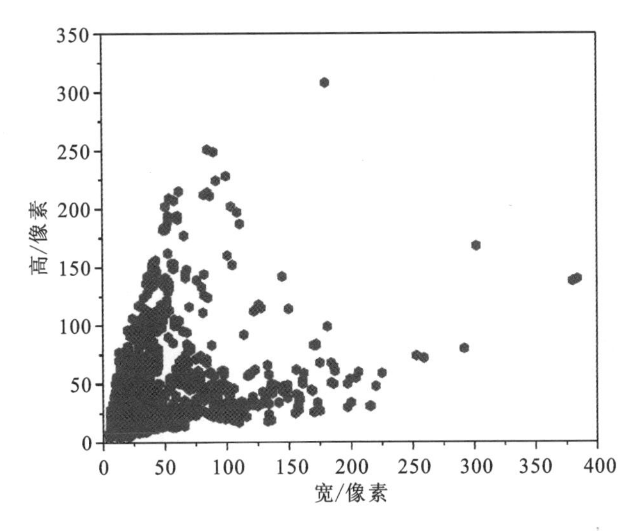

图 3.6　多尺度 BBox－SSDD 的船舶尺度分布

3.4　操作步骤

3.4.1　滤　波

滤波通常通过消除特定的空间频率来使图像增强，在尽量保留图像细节特征的条件下对目标图像噪声进行抑制。图像滤波是利用图像的空间相邻信息和空间变化信息对单个波段图像进行滤波处理。图像滤波可以强化空间尺度信息，突出图像的细节或主体特征，抑制其他无关信息。

打开 PIE - Basic 6.3，选择【图像增强】标签下的【图像滤波】组，单击【空域滤波】按钮下的下拉箭头，选择【常用滤波】，打开“常用滤波”对话框，如图 3.7 所示。

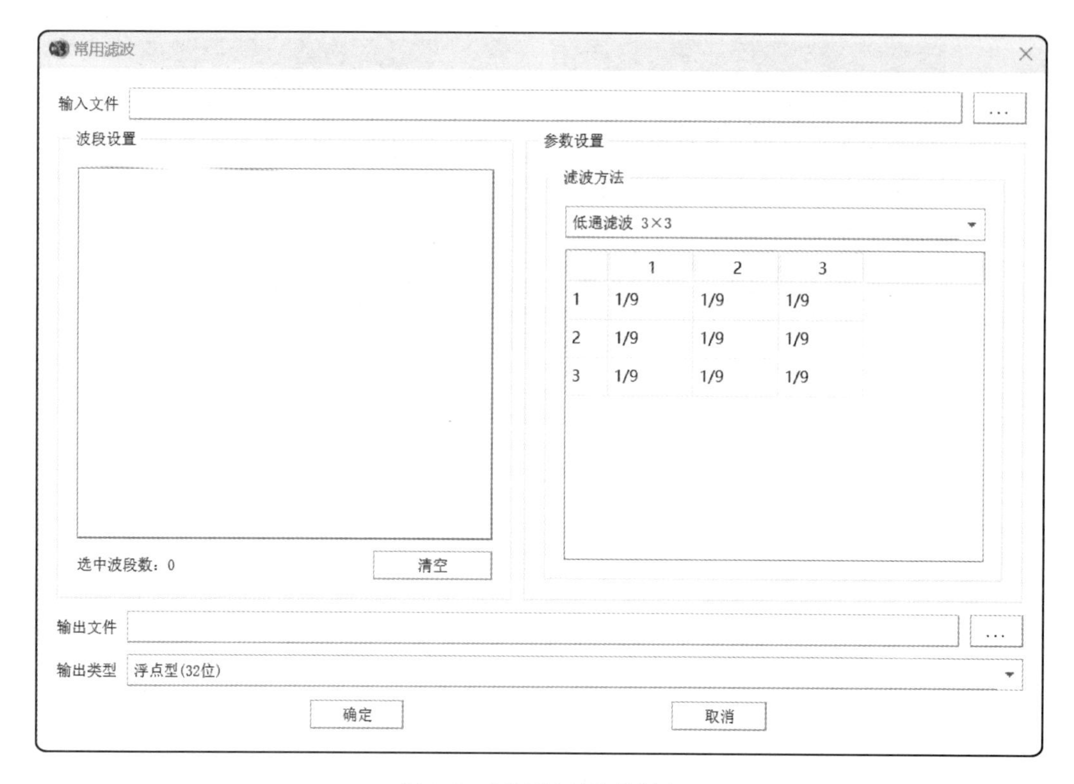

图 3.7 “常用滤波”对话框

(1)输入文件。输入进行滤波处理的影像。

(2)波段设置。选择待处理的波段。

(3)参数设置。设置滤波方法和窗口大小。这里包含多种滤波器，可选择“低通滤波”，目的是消除高频噪声。

(4)输出文件。设置处理结果的保存路径及文件名，选择保存路径后保存为.img 格式文件。

(5)输出类型。设置文件的输出类型，支持输出字节型(8 位)、整型(16 位)、无符号整型(16 位)、长整型(32 位)、无符号长整型(32 位)、浮点型(32 位)、双精度浮点型(64 位)多种位深类型。

待相关参数设置完毕，点击【确定】按钮即可进行滤波处理。滤波前后结果对比如图 3.8 所示。

3.4.2 主成分变换

使用主成分变换选项可以生成互不相关的输出波段，用于隔离噪声和减少数据集的维数。由于多波段数据经常是高度相关的，主成分变换的目的是寻找一个原点在数据均值的

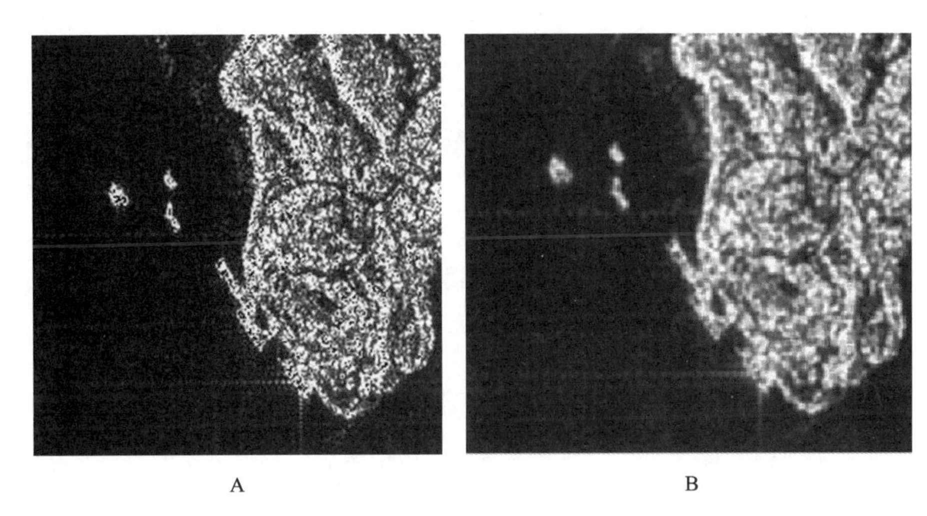

A. 原始影像；B. 滤波去噪后影像。

图 3.8 滤波处理后结果

新的坐标系统，通过坐标轴的旋转来使数据的方差达到最大，从而生成互不相关的输出波段。

选择【图像增强】标签下的【图像变换】组，单击【主成分变换】按钮下的下拉箭头，选择【主成分正变换】，打开“主成分正变换”对话框，如图 3.9 所示。

主成分正变换

输入文件

输入文件 ...

统计时使用

协方差矩阵 相关系数矩阵

主成分波段选择

根据特征值排序选择

输出的主成分波段数 1

输出文件

统计文件 ...

结果文件 ...

输出数据类型 浮点型（32位） 零均值处理

确定 取消

图 3.9 “主成分正变换”对话框

(1)输入文件。设置待处理的影像,这里选择上节滤波后的 img 文件。

(2)参数设置。

A. 根据特征值排序选择。当勾选"根据特征值排序选择"选项时,可以选择是根据协方差矩阵还是根据相关系数矩阵计算主成分波段。在计算主成分时,一般选择【协方差矩阵】,当波段之间数据范围差异较大时,选择【相关系数矩阵】,并且需要标准化。

B. 输出的主成分波段数。当不勾选"根据特征值排序选择"时,需要确定输出的主成分波段数。

(3)输出文件。

A. 统计文件。设置输出统计文件的保存路径和名称,统计信息将被计算,并列出每个波段和其相应的特征值,同时也列出每个主成分波段中包含的数据方差的累积百分比。

B. 结果文件。设置输出影像的保存路径和文件名。

C. 输出数据类型。设置输出影像的数据类型,有字节型(8 位)、无符号整型(16 位)、整型(16 位)、无符号长整型(32 位)、长整型(32 位)、浮点型(32 位)、双精度浮点型(64 位)可供选择。

D. 零均值处理。当勾选"零均值处理"时,需要对输出结果进行零均值处理,即将输出结果中的每个像素值减去均值。

待所有参数设置完毕,点击【确定】按钮即可进行主成分变换。结果如图 3.10 所示。

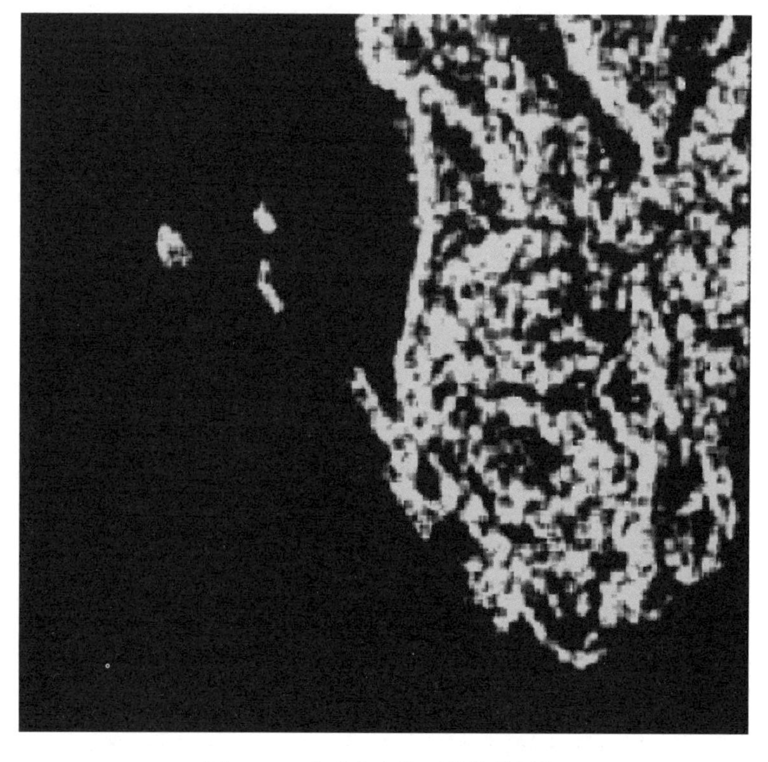

图 3.10 主成分变换后的结果图像

3.4.3 陆地掩膜

打开 PIE－SAR 6.3，利用其掩膜工具建立陆地掩膜，实现图像的海陆分离。选择【图像分类】标签下的【ROI 及掩膜工具】组，单击【创建掩膜】按钮，弹出“创建掩膜”对话框，如图 3.11所示。

(1)基准文件。输入与创建掩膜相关联的栅格图像。这里输入主成分变换后的影像文件。

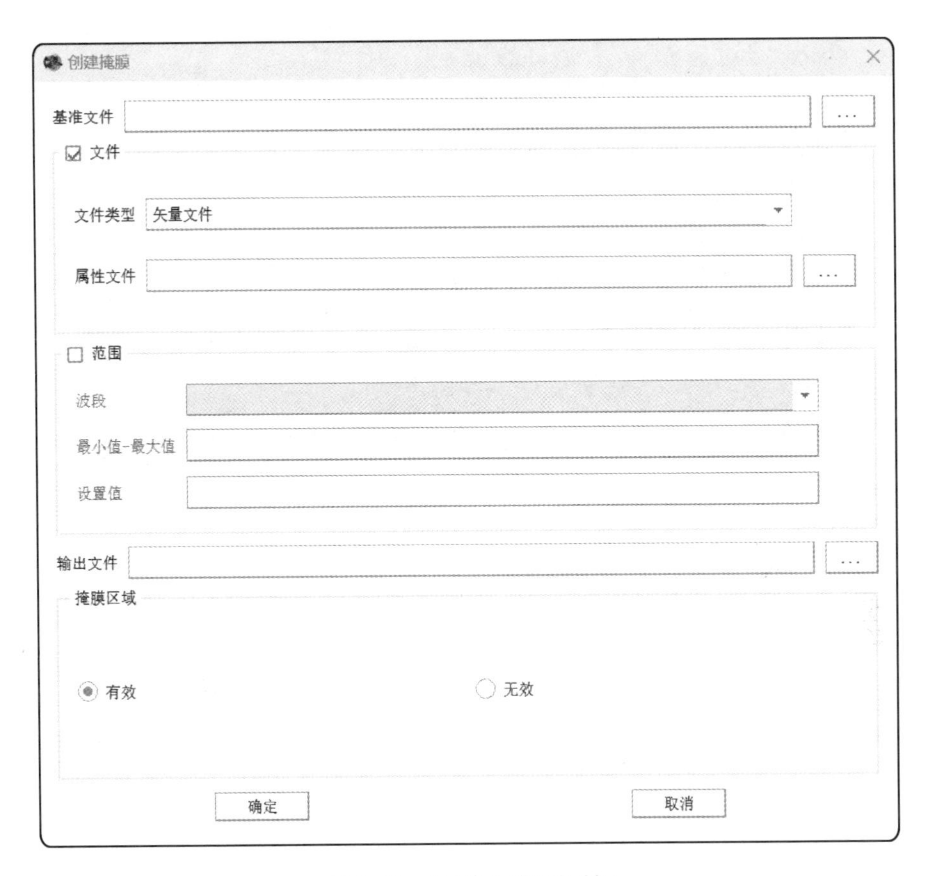

图 3.11 “创建掩膜”对话框

(2)文件类型。设置输入属性文件的类型，目前支持矢量文件和 ROI 文件(图 3.12)。

(3)属性文件。根据选定的文件类型输入对应的属性文件，即矢量文件或者 ROI 文件。这里通过 ROI 工具建立 ROI 文件，命名为 mask. pieroi。

(4)输出文件。设置掩膜文件的输出保存路径及文件名。

(5)掩膜区域。可选择“有效”或者“无效”。当选择“无效”时，则属性文件范围内的掩膜区域为 0 值区，属性文件范围外的区域为 1 值区(边界与基准图像文件的边界范围一致)。

在所有参数设置完成后，点击【确定】按钮即可创建掩膜文件。

图 3.12　选取的 ROI

在【图像分类】标签下的【ROI 及掩膜工具】组，单击【应用掩膜】按钮，弹出“应用掩膜”对话框，如图 3.13 所示。

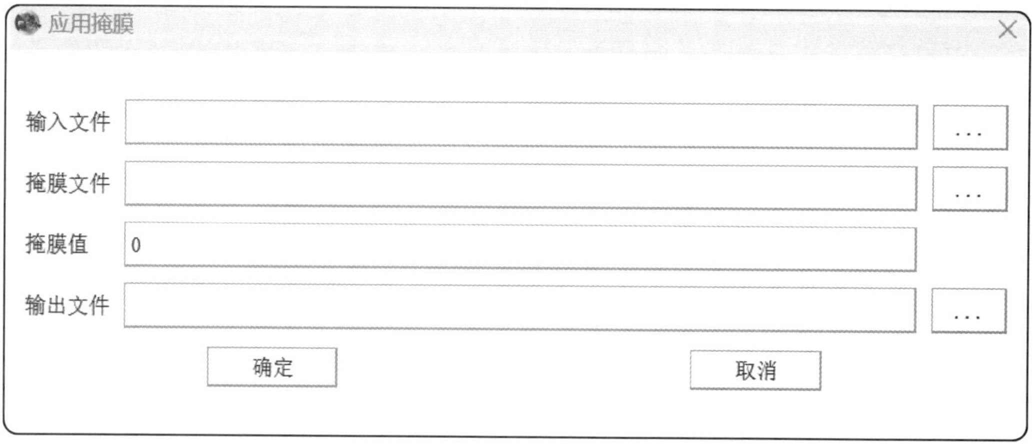

应用掩膜

输入文件 ...

掩膜文件 ...

掩膜值 0

输出文件 ...

确定　取消

图 3.13　“应用掩膜”对话框

(1)输入文件。输入待应用掩膜的影像文件。

(2)掩膜文件。输入与影像文件对应的掩膜文件。

(3)掩膜值。设置掩膜值,范围为 0～255。

(4)输出文件。设置输出文件的保存路径及文件名。

待所有参数设置完毕,点击【确定】按钮,输出应用掩膜后的结果(图 3.14)。

图 3.14 应用掩膜后的输出结果

3.4.4 船舶目标鉴别

打开 PIE－Basic 6.3,在【图像分类】标签下的【监督分类】组,单击【SVM】按钮,弹出“光谱相似度度量”对话框,如图 3.15 所示。

(1)输入文件。输入需要分类的文件,这里选择应用陆地掩膜后的文件。

(2)光谱收集。单击“波谱源”右侧的下拉列表,选择目标光谱的来源。这里选择“ROI 图层”,在进行目标探测功能之前,利用图像分类工具手动勾选“ROI”。在波谱源选择 ROI 图层时,将各 ROI 计算均值光谱作为波谱源输入。

单击【选择所有】按钮,选中所有打开的目标光谱;单击【算法选择】按钮,弹出“算法选择”对话框,选择使用的分类算法,如图 3.16 所示。

图 3.15 “光谱相似度度量”对话框

图 3.16 “算法选择”对话框

输入待处理影像以及选择样本光谱后，单击【应用】按钮，弹出“支持向量机”对话框（图 3.17）。

图 3.17 “支持向量机”对话框

按照图 3.17 设置完成后，单击【确定】按钮，即可进行分类处理，结果如图 3.18 所示。

3.4.5 深度学习船舶识别流程

深度学习船舶识别流程如下。

(1)加载数据集。

(2)转换以增强和规范化数据。

(3)定义 CNN[特征金字塔网络(feature pyramid networks，FPN)、视觉几何组(visual geometry group，VGG)]。

图 3.18　船舶目标鉴别结果

(4)自适应池化。

(5)批量正则化。

(6)加载预训练的模型。

(7)将预训练的模型参数加载到已定义的模型中。

(8)冻结模型的权重。

(9)使用学习率查找器优化学习率。

(10)调用判别微调。

(11)微调预训练模型以达到 94%的准确率。

(12)查看模型的错误。

(13)用主成分分析(principal component analysis,PCA)和 t 分布随机领域嵌入(t - distributed stochastic neighbor embedding,t - SNE)算法在较低的维度上可视化数据。

(14)查看模式的学习权值。

3.5　结果与验证

传统方法在开阔海域下能够得到较为准确的识别结果,但在复杂场景下的船舶检测中容易发生错检、漏检问题,使用深度学习的方法可以显著提高 SAR 图像在不同复杂场景、不同尺度下的船舶检测性能(图 3.19)。特别是在复杂场景中,当检测难度提高时,深度学习方法对准确性的提高就更加明显。SAR 图像数据集实验的对比分析证明了深度学习方法提高复杂场景 SAR 图像中船舶目标和高密度小目标船舶检测的可行性和有效性。

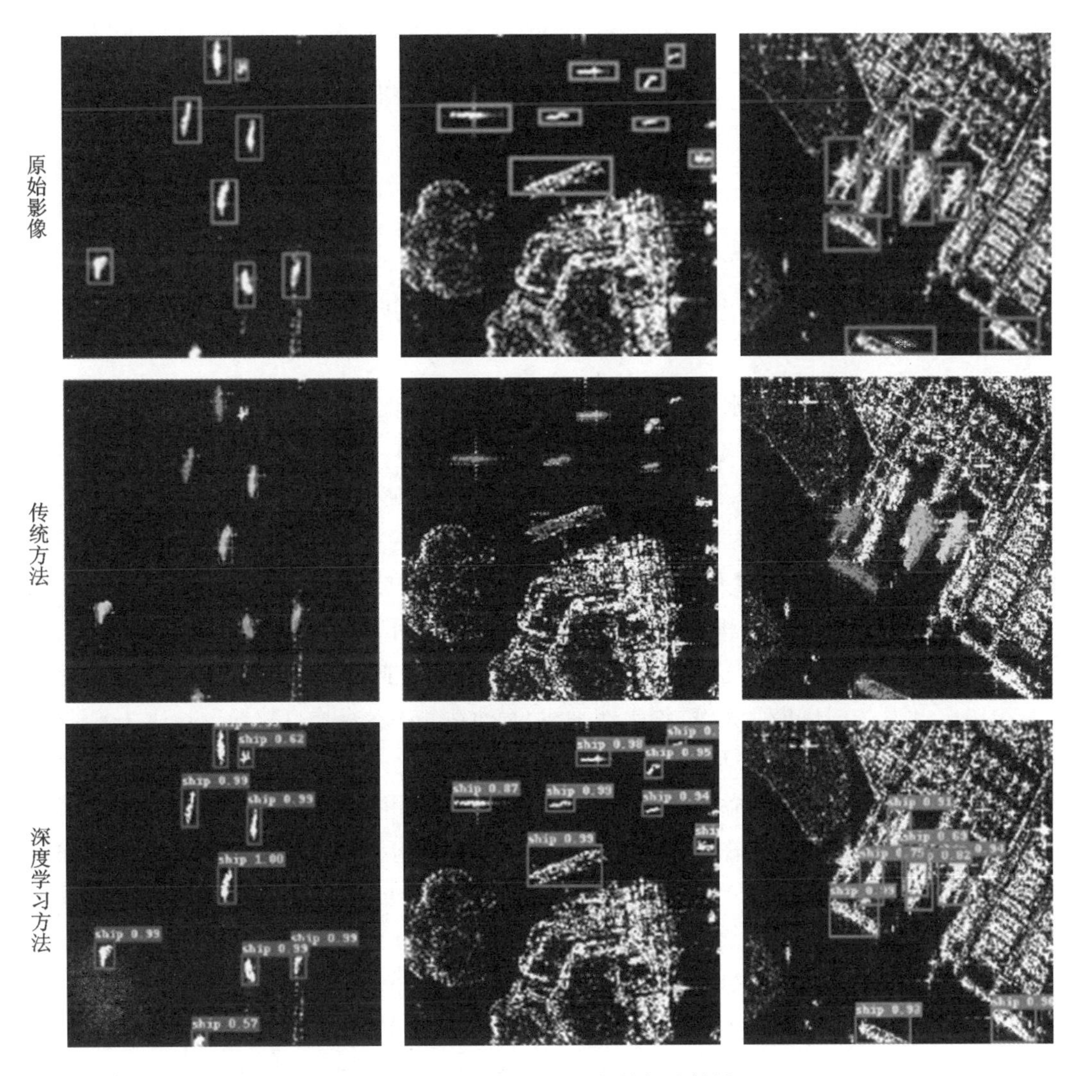

图 3.19　不同方法下的船舶提取结果

4 海上溢油识别

4.1 背景与意义

海洋是地球上最广阔的水体,海洋面积占据地球总表面积的71%。海洋孕育着诸多海洋生物,蕴藏着极为丰富的矿产资源、生物资源和海水资源。作为地球天气与气候的主要内驱力,海洋对环境变化和生态平衡有巨大的调节作用。伴随着海洋经济的蓬勃发展,港口和沿海的船舶数量急剧增加,海洋石油资源开采,载油船舶的泄漏、碰撞和非法排污会导致海洋污染,进而威胁海洋生物和人类的生存环境。

2009年8月21日,澳大利亚"西阿特拉斯"海上钻井平台爆裂,9月的人造卫星图像显示油污范围已达2.5万km^2,这严重威胁到邻近印度尼西亚的阿什莫尔岛的海洋生态保护区。2010年4月20日,墨西哥湾"深水地平线"石油钻井平台爆炸事故导致长达3个月的石油泄漏,污染了美国路易斯安那州、亚拉巴马州、密西西比州以及佛罗里达州的海岸区域。2010年7月16日,大连新港输油管线发生爆炸,引发大火并造成大量原油泄漏,严重影响邻近水域的交通管制与船舶运输。2011年6月11日,渤海湾蓬莱19-3油田发生大规模溢油事故,至2011年8月23日,污染海域达到5500km^2,大致相当于渤海面积的7%。2018年1月6日,"桑吉"轮与"长峰水晶"轮在长江口约160n mile(1n mile≈1.85km)处发生碰撞,导致"桑吉"轮全船失火并沉没。2021年4月,"交响乐"轮与"义海"轮于青岛朝连岛东南水域发生碰撞,约400t船载货油泄漏入海,构成特别重大船舶污染事故。诸如此类重大溢油事故的频繁发生,严重威胁着海洋环境及生态平衡,对海上溢油监测与识别、海洋环境安全保护提出了更加严苛的要求。2018年3月,交通运输部印发《国家重大海上溢油应急处置预案》。该文件明确指出"建立健全海上溢油监测体系"的重要性和必要性。因此,对海上溢油的早期预警和近实时监测在清理漏油作业以减轻它对沿海环境的影响方面发挥着非常重要的作用。

及时并准确地监测到溢油对保护海洋环境和生态资源具有重要意义。现阶段广泛使用的溢油监测方法包括船舶跟踪、空中监视和卫星遥感。与其他方法相比,卫星遥感具有更广的覆盖范围,特别适合于大规模海洋监测,许多星载传感器,比如可见光、红外、紫外和微波等手段,已被广泛应用于溢油监测。其中,极化SAR是目前遥感技术研究与应用的一个重要领域,因其全天时、全天候的观测能力而广受欢迎,自20世纪中期诞生以来已获得突飞猛进的发展。SAR 系统的发展经历了单极化、双极化、全极化、简缩极化的演变，多种极化方式的 SAR 系统能够获取目标在不同收发组合下的回波特性，即雷达多极化信息，在海上目标探测，尤其是溢油识别、船舶检测等领域应用广泛。

4.2 原理与思路

4.2.1 极化 SAR 溢油探测原理

SAR 通过载荷卫星和目标之间的相对运动将辐射单元天线合成孔径较大的等效天线以生成高分辨率影像，并测量地面每个分辨单元内的散射回波，进而获得其极化散射矩阵以及斯托克斯(Stokes)矩阵，以此描述目标散射回波的幅度和相位特性。传感器主动发射的电磁波与海面风场引起的布拉格(Bragg)短波形成共振产生后向散射信号，通常由归一化雷达后向散射系数表示，其含义为单位面积上的雷达后向散射截面，表达式如下：

$$\sigma=\frac{(4\pi)^3R^4P_r}{P_tG_tG_r\lambda^2}$$

式中：P_r 和 P_t 为天线的接收功率和发射功率；G_r 和 G_t 为天线接收增益和能量传输增益；R 为天线与探测目标间的距离；λ 为回波波长。

海面风场引起的 Bragg 短波与 SAR 传感器发射的电磁波波长满足 Bragg 共振的条件为：

$$\lambda_B=\frac{\lambda_R}{2\sin\theta}$$

式中：λ_B 为 Bragg 共振波长；λ_R 为 SAR 发射电磁波波长；θ 为 SAR 对溢油进行观测时的电磁波入射角。基于电磁波扰动理论和微小扰动模型可对一阶 Bragg 散射的后向散射系数进行描述：

$$\sigma_B(\theta)_{ij}=4\pi k^4\cos^4\theta\left|\delta_{ij}(\theta)\right|^2\mathrm{Ent}(2k\sin\theta,0)$$

式中：i,j 为 SAR 发射和接收电磁波的极化方式；k 为所发射电磁波的波数；$\mathrm{Ent}(2k\sin\theta,0)$ 为电磁波能量密度函数；$\delta_{ij}(\theta)$ 为与 SAR 的工作方式、海水相对介电常数以及雷达入射角相关的散射系数。雷达一阶后向散射系数与 Bragg 散射的波谱能量密度息息相关，溢油发生会导致海面膨胀系数发生改变，通过流体表面黏弹性和耗散来抑制流体表面的粗糙度，阻尼了能够产生海表毛细波和短重力波的 Bragg 共振波，即 Bragg 共振短波的海表面波数谱衰减，此时该区域的海表面粗糙度因油膜的平滑作用而降低，因此油膜覆盖的海面相对平滑。

若海面 Bragg 散射的波谱能量密度增大，则雷达一阶 Bragg 散射后向散射系数增大。而溢油覆盖在海水表面改变了海水表面张力，抑制了海面的毛细波，从而增强了雷达波在海面处的镜面反射，减弱了后向散射，故溢油区域在 SAR 影像上呈现为黑色暗斑区域。如图 4.1为 Sentinel - 1 获取的苏伊士运河塞得港口的 SAR 影像，其中黑色区域为船舶溢油区域。

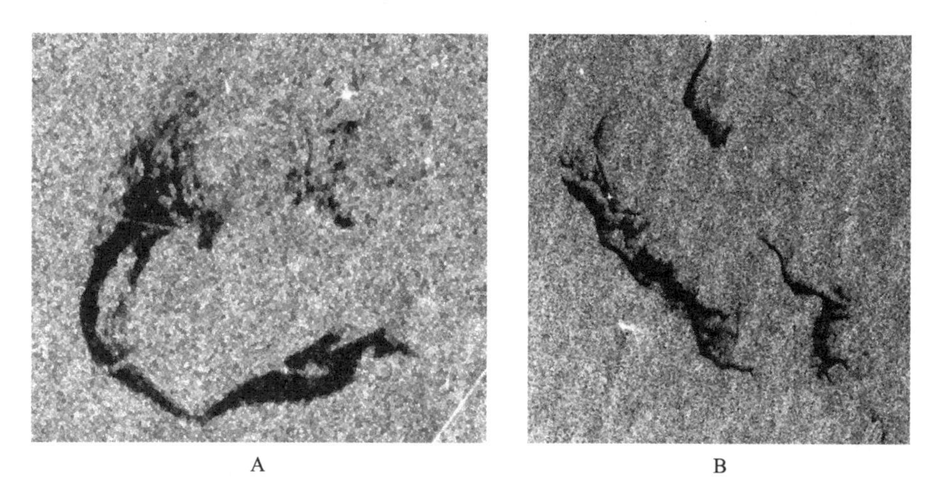

A B

A. 2019 年 4 月 5 日，E32°17′0″，N31°17′42″；B. 2017 年 4 月 3 日，E31°31′6″，N32°29′5″。

图 4.1 SAR 海上溢油影像

4.2.2 极化 SAR 溢油探测思路

概括地说，基于 SAR 数据的海上溢油探测（图 4.2）包括 4 个阶段：图像预处理、暗斑检测、特征提取与选择、海上溢油识别。

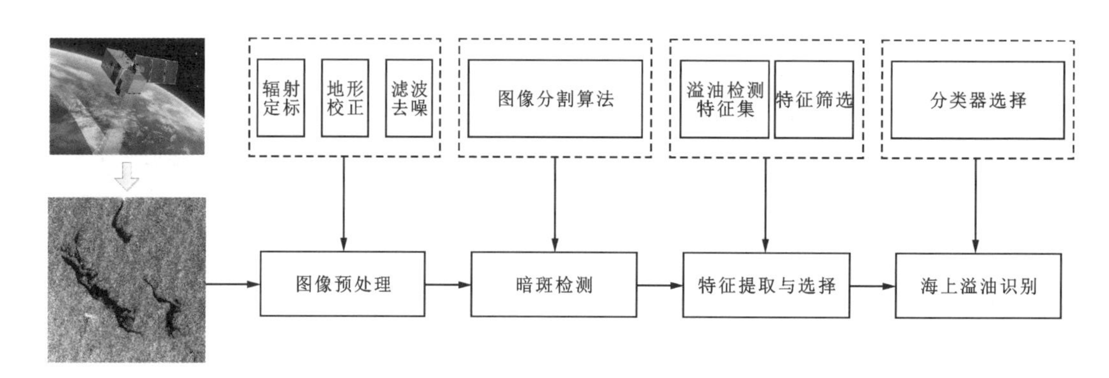

图 4.2 海上溢油探测流程

1. 图像预处理

雷达回波信号受到背景杂波和电磁波的相干性的影响会导致形成的 SAR 图像不能真实地反映目标的原始信息，进而影响识别的效果。因此，使用 SAR 图像来识别溢油之前，需要对图像进行辐射定标、地形校正和滤波去噪等处理，以便有效地提高图像质量。

辐射定标是指通过消除和减弱由于各种因素影响造成的辐射失真，确定图像像元灰度和目标的后向散射系数之间映射关系的手段。SAR 图像的辐射定标可分为内部校准和外部校准:内部校准是为了克服由传感器响应特征引起的系统误差,外部校准是为了解决回波测量过程中的随机误差。这两种校准通常由卫星数据提供部门试验确定,在提供 SAR 图像的同时将内部校准文件和外部校准文件提供给用户使用。

受传感器角度和位置变化、地球曲率、空气折射和地形变化等因素的影响,SAR 雷达成像过程中往往会产生一定的非系统性几何畸变,从而无法反映地物目标的真实几何特征。为了有效解决 SAR 原始数据像元存在的拉伸或扭曲问题,需要对 SAR 图像进行地形校正。

SAR 雷达回波信号是由多个连续雷达脉冲的多个散射体回波进行相干处理而形成的。由于雷达传感器和目标之间具有相对运动,且目标表面具有一定的粗糙度,SAR 接收到的信号是多个散射体回波的组合叠加。在这个过程中,散射电磁波信号会发生干涉现象。如果回波相位一致,则电磁回波信号加强;如果回波相位不一致,则电磁回波信号减弱甚至有些完全抵消。在 SAR 图像上表现为一种颗粒状的、黑白点相间的纹理,称为斑点噪声。为提高 SAR 图像质量,需要对斑点噪声进行抑制,常见的 SAR 图像滤波方法有 Lee 滤波算法、精致 Lee 滤波算法、Kuan 滤波算法、增强 Kuan 滤波算法和 Gamma - MAP 滤波算法等。

2. 暗斑检测

油膜与海水的后向散射系数不同,其灰度值也会有所差异,因此,SAR 图像上的油膜区域呈现为黑色。此外,受幅宽的影响,1 景 SAR 影像中的油膜区域仅占很小的部分,而对整幅影像进行处理将会产生极大的计算量。因此通过分割算法检测暗斑以排除大多数开放水面,锁定溢油或类油存在的区域至关重要。常用的图像分割算法有阈值分割法、边缘分割法、区域分割法、基于智能算法的分割方法等。

3. 特征提取与选择

单一特征容易受到多种因素的干扰进而影响溢油检测的鲁棒性。为了提高溢油检测精度,应考虑更多的分类特征,但一味地提升特征维度会影响算法效率,增加系统的复杂度。因此,在增加特征类别的同时需要对候选特征进行分析,选择有限且最有效的组合用于分类。在极化 SAR 溢油识别研究中,常用的特征多来源于 3 个方面:后向散射信息、极化目标分解以及灰度纹理。

以后向散射信息为基础的极化 SAR 溢油特征可以分为两类:一类是极化通道后向散射强度,另一类是通过极化散射矩阵提取的极化特征参数。VV 极化通道接收的后向散射能量最强,常用于单特征海上溢油检测研究。除此之外,基于散射矩阵的共极化比、交叉极化率、极化差和极化总功率等也可作为海上溢油识别的有效特征。

为研究目标散射体的物理机制,充分利用 SAR 图像携带的极化信息,许多学者相继提出基于极化散射矩阵的目标分解理论。根据目标极化散射特征的稳定性,极化目标分解可以分为相干分解和非相干分解两大类。常见的相干分解如泡利(Pauli)分解,利用极化散射矩阵提取特征参数,但对其目标散射矩阵的稳定性要求过高,自然界中大量复杂目标的散射行为具有很强随机性，通常无法满足。非相干分解基于极化相干矩阵或极化协方差矩阵，能够更加准确地表征复杂目标散射特性，常见方法有 Cloude 分解、Freeman 分解等。

SAR 图像通过接收雷达回波反映地物目标的散射特性，当多种目标后向散射系数相同或接近时，仅仅通过图像灰度无法准确辨别。因此，目标的纹理特性在 SAR 图像解译中也至关重要。纹理特征由邻域像素点的空间分布特性确定，通过反映图像像素的灰度变换关系进而反映目标的细节特性，可以用于边缘检测并有效提高 SAR 图像对类似目标的辨识能力，是 SAR 图像分类识别研究中的常用特征。随着纹理特征的研究和发展，目前已形成结构分析、模型分析、空间/频域联合分析和统计分析 4 种理论，SAR 图像分类常用的纹理特征提取方法有 Tamura 纹理特征、灰度共生矩阵(gray-level co-occurrence matrix，GLCM)、灰度梯度共生矩阵(gray level-gradient co-occurrence matrix，GLGCM)和灰度差分统计(gray level difference statistics，GLDS)等。

4. 海上溢油识别

除了海面油膜，还有一些海洋现象由于反射系数的影响也表现为黑色条带或暗斑，从而对 SAR 图像上溢油的识别造成影响。常见的类似物有低风速区、背风岬角、海洋内波、生物薄膜、雨团、涡流等。为有效识别海上溢油，研究者们需要借助分类器来实现油膜与类似物的区分。目前，国内外学者在分类器的选择和设计方面开展了大量的研究，并取得了一定的成果，其中最为典型的分类器有最小距离、k-近邻(k-nearest neighbor，KNN)、朴素贝叶斯、支持向量机(support vector machine，SVM)、神经网络、决策树和 Adaboost 算法等。

基于所建立的特征集，借助分类器实现油膜、海水和疑似油膜的区分是 SAR 图像溢油识别的最后一步。

4.3 数　据

4.3.1 Sentinel-1 遥感影像

Sentinel-1 卫星是欧洲航天局哥白尼计划全球环境与安全监测(global monitoring for environment and security，GMES)的重要组成部分，于 2014 年 4 月 3 日启动。它由 Sentinel-1A 和 Sentinel-2A 两颗卫星组成，载有 C 波段(5.405GHz)SAR 雷达传感器，以预编程的无冲突操作模式工作可提供连续图像(白天、夜晚和各种天气)。Sentinel-1 卫星轨道高度约为 693km，轨道周期 96min，重访时间 12d，包含条带模式(stripmap mode，SM)、干涉宽幅行模式(interferometric wide swath mode，IW)、超宽幅行模式(extra wide swath mode，EW)和波模式(wave mode，WM)4 种观测采集模式，每种模式的参数如表 4.1 所示。

表 4.1 Sentinel-1 不同成像模式参数表

参数	干涉宽幅行模式	波模式	条带映射模式	超宽幅行模式
极化方式	双极化(HH+VV、VV+VH)	单极化(HH、VV)	双极化(HH+HV、VV+VH)	双极化(HH+HV、VV+VH)
入射角/(°)	31～46°	23～37°	20～47°	20～47°
方位角分辨率/m	<20	<5	<5	<40
地表精度/m	<5	< 5	<5	<20
视数	单视	单视	单视	单视
幅宽/km	>250	20	>80	>4100
最大 NESZ/dB	−22	−22	−22	−22
辐射稳定性/dB	0.5(3σ)	0.5(3σ)	0.5(3σ)	0.5(3σ)
辐射精度/dB	1(3σ)	1(3σ)	1(3σ)	1(3σ)
相位误差/(°)	5	5	5	5

注：NESZ=noise equivalent sigma zero，噪声等效散射系数。

4.3.2 研究数据介绍

选择苏伊士运河塞德港口北部海域(E32°7′13″—E32°39′18″，E31°40′14″—E31°9′57″)作为实验区，获取1景极化 SAR 影像用于海洋溢油识别研究。数据为 IW 模式标准 Level-1 单视复数影像(single look complex，SLC)产品，以双极化模式(VV+VH)进行获取。影像获取时间为2018年11月19日，溢油所在位置约为 E32°27′33″、N31°17′2″，油膜面积接近 $18km^2$，所用影像见图4.3。

图 4.3 选用的 SAR 影像

4.4 操作步骤

4.4.1 数据导入

选择【数据导入】下的【单景数据导入】，单击【S1 - A/B】，选择【S1 Tops】，打开“哨兵-1 TOPS 模式导入”对话框(图 4.4)。

图 4.4 “哨兵-1 TOPS 模式导入”对话框

(1)SAFE 文件。解压 Sentinel - 1 数据，获得参数文件，即 manifest. safe。

(2)校正因子类型。包括 sigma、beta、gamma、dn 四类校正因子，用户可根据实际应用进行选择。此处选择【sigma】用以输出后向散射波段 σ^0。

(3)极化模式。包括 HH 通道、HV 通道、VH 通道和 VV 通道四种极化模式。由于 Sentinel - 1 IW 模式以 VV/VH 极化方式采集数据，这里依次选择【VV】和【VH】以输出两个通道的后向散射波段。

(4)输出文件名前缀。可以选择成像日期，也可以选择成像日期与时间。此处默认。

(5)数据类型。软件目前支持 ENVI IMG(. img)、ERDAS IMG(. img)、GeoTIFF (*. tif、*. tiff) 3 种输出格式，用户可根据自身需求进行选择。这里选择【ENVI IMG (. img)】格式。

(6)输出目录。设置输出结果的保存路径，与参数文件相同根目录即可。

待所有参数设置完成，单击【确定】进行 Sentinel－1 雷达数据的导入处理，导入后的影像如图 4.5 所示。

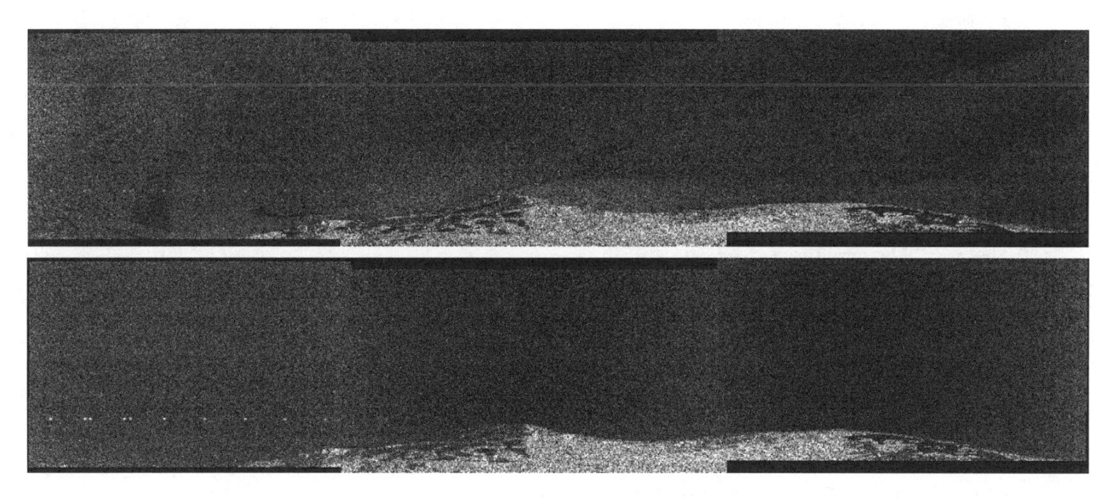

图 4.5 数据显示结果

4.4.2 极化矩阵转换

选择【极化 SAR】下的【极化矩阵转换】，打开“极化矩阵转换”对话框（图 4.6）。

(1)输入路径。输入待处理 SAR 数据的元数据，即 4.4.1 输出数据的保存路径。

(2)极化类型。包括全极化、HH/HV、VH/VV、HH/VV 和简缩。当导入极化 SAR 数据文件后，系统会自动读取并导入相应的极化数据，用户也可以根据需要处理的极化数据类型进行选择。

(3)转换格式。当输入为双极化数据(HH/HV，VH/VV，HH/VV)时，选择 C2 矩阵；当输入为全极化时，若要求互易(即 VH＝HV)，可选择 C3、T3 矩阵，不要求互易时(保留交叉极化 VH 与 HV 间差异)可选择 C4、T4、Muller 矩阵。另外，如需进行极化矩阵转换，在默认全极化类型前提下，需输入对应矩阵路径，点击【互易】可进行 C3 ->T3、T3 ->C3，不点击【互易】进行 C4 ->T4、T4 ->C4 转换。这里选择【C2】。

(4)输出数据格式。软件目前支持 ENVI IMG、ERDAS IMG、GeoTIFF 三种输出格式。这里选择【ENVI IMG】。

(5)多视参数。可设置输出数据的方位向和距离向视数。根据方位向和距离向的视数进行多视处理，减少噪声，但同时影像空间分辨率会降低。多视参数可依据方位向和距离向的分辨率计算，也可由用户自定义，此处设置方位向为 3，距离向为 3。

(6)输出路径。设置输出结果的保存路径，软件会在所选路径下根据所选转换格式自动建立相应的文件夹。此处默认。

极化矩阵转换

输入路径

输入路径 D:/PIE-SAR

影像_HH

影像_HV

影像_VH D:/PIE-SAR/20181119_VH.img

影像_VV D:/PIE-SAR/20181119_VV.img

影像_CH

影像_CV

极化类型 全极化 HH/HV VH/VV HH/VV 简缩

转换格式

互易性 C2 Muller C3 T3 C4 T4

C3>T3 T3>C3 C4>T4 T4>C4

输出数据格式

数据格式 ENVI IMG(*.img)

多视参数

方位向 3 距离向 3

输出路径 D:/PIE-SAR/C2

确定 取消

图 4.6 “极化矩阵转换”对话框

将所有参数设置完成后，单击【确定】即可进行极化矩阵转换处理。选择【加载显示】→【数据管理】→【加载栅格数据】，将极化矩阵转换结果其中一景加载显示，结果如图 4.7 所示。

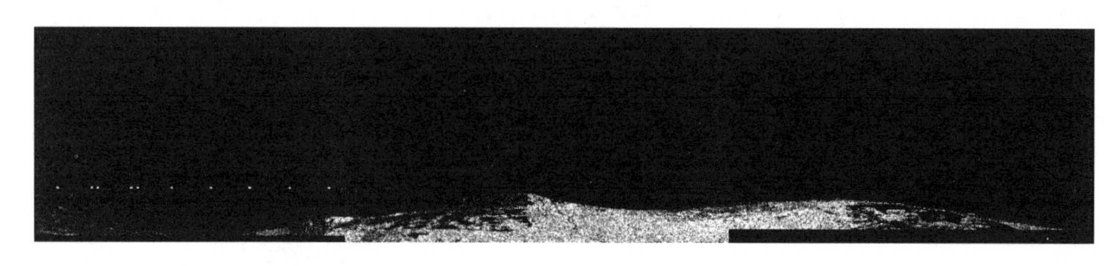

图 4.7 影像处理的结果

4.4.3 极化滤波

选择【极化 SAR】下的【极化滤波】，打开“精致 Lee 滤波”对话框，如图 4.8 所示。

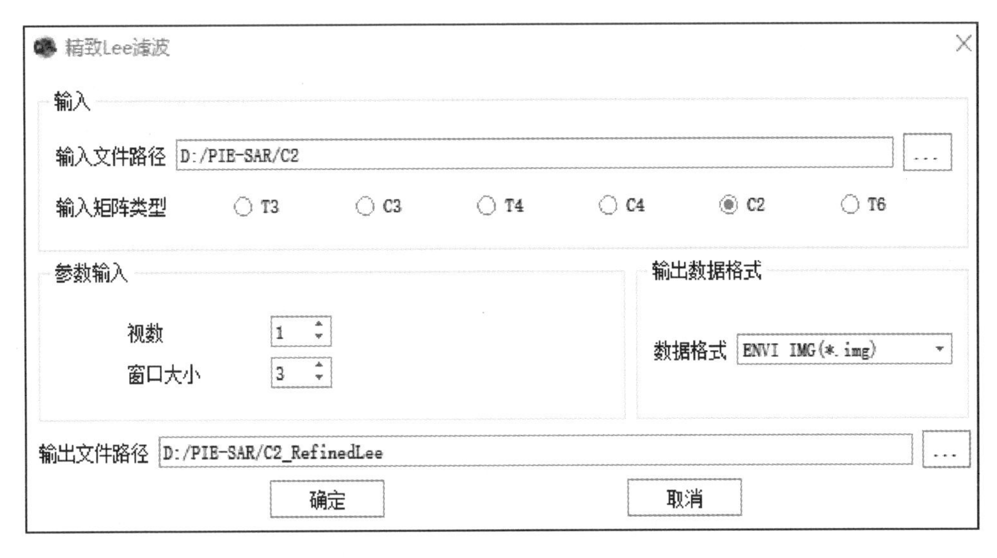

图 4.8 “精致 Lee 滤波”对话框

(1)输入文件路径。选择极化矩阵转换的输出文件夹，即 C2 文件夹，加载极化矩阵转换后的数据。

(2)输入矩阵类型。设置输入文件的类型，包括 T3、C3、T4、C4、C2、T6。这里选择【C2】。

(3)视数。视数(ENL)表现了原始图像的噪声水平，通常设置为 1(越大表示噪声水平越高，图像滤波效果越明显；反之越小，图像滤波效果越不明显)。此处默认。

(4)数据格式。软件目前支持 ENVI IMG、ERDAS IMG、GeoTIFF 三种输出格式。这里选择【ENVI IMG】。

(5)输出文件路径。设置输出结果的保存路径及文件名。此处默认。

将所有参数设置完成后，单击【确定】即可进行精致极化 Lee 滤波处理，结果如图 4.9 所示。

图 4.9 精致极化 Lee 滤波处理的结果

4.4.4 图像裁剪

选择【基础 SAR】下的【辅助工具】，打开“图像裁剪”对话框，如图 4.10 所示。

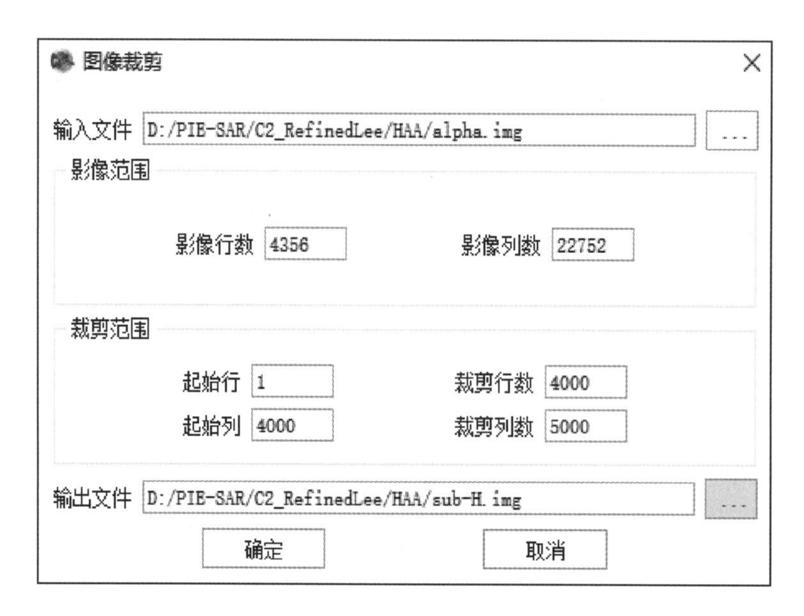

图 4.10 “图像裁剪”对话框

（1）输入文件。输入待裁剪雷达影像，本功能不可对原数据进行裁剪，可对导入并输出后的数据进行裁剪，此处选择波段叠加后的影像。

（2）影像范围。输入待裁剪影像后，系统会自动读取并显示待裁剪影像的行数和列数。

（3）裁剪范围。设置影像的裁剪范围，起始行数与列数（索引号从 1 开始）及要裁剪的行数与列数。

（4）输出文件。设置输出结果的保存路径及文件名，保存路径与极化数据相同根目录即可，此处命名为 sub.img。

待所有参数设置完毕，单击【确定】即可进行图像裁剪，结果如图 4.11 所示。

4.4.5 极化分解

1. H/A/Alpha 分解

选择【极化 SAR】下的【极化分解】，单击【H/A/Alpha】，打开“H/A/Alpha 分解”对话框（图 4.12）。

（1）输入路径。输入待处理的 SAR 数据，需是矩阵转换后得到的矩阵数据，即选择 C2_RefinedLee 文件夹。

图 4.11 图像裁剪的结果

图 4.12 “H/A/Alpha 分解”对话框

(2)输入格式。根据实际情况选择：当输入文件为 T3 矩阵时，输入格式选择 T3；当输入文件为 C2 时，输入格式选择 C2。这里选择【C2】。

(3)窗口大小。设置分解窗口大小，用于窗口内滤波处理，抑制噪声影响。此处默认。

(4)输出文件格式。软件目前支持 ENVI IMG、ERDAS IMG、GeoTIFF 三种输出格式。这里选择【ENVI IMG】。

(5)输出路径。设置输出 H/A/Alpha 分解结果的保存路径。此处默认。

待所有参数设置完成后，单击【确定】即可进行 H/A/Alpha 分解，结果如图 4.13 所示。

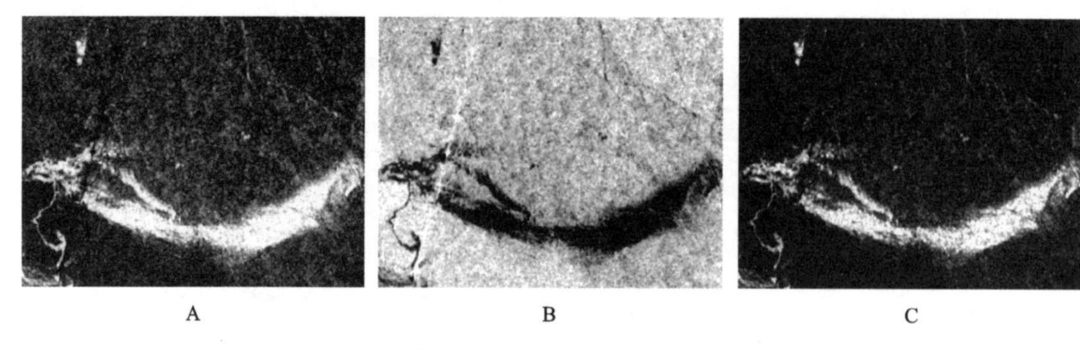

A. Entropy；B. Anisotropy；C. Alpha。

图 4.13　H/A/Alpha 分解的结果

2. 分解结果波段叠加

选择【图像分类】下的【监督分类】，打开“波段叠加”对话框。

(1)输入影像。输入待处理的影像，将 H/A/Alpha 分解后的影像加载至波段列表。

(2)输出文件。设置输出文件的保存路径和文件名，保存路径与极化数据相同根目录即可，此处命名为 H－A－Alpha.img。

图 4.14 为加载 H/A/Alpha 分解结果后影像的默认顺序，影像顺序可由【上移】、【下移】操作手动处理。单击【确定】即可进行波段叠加，输出波段叠加结果，如图 4.15 所示。

图 4.14　“波段叠加”对话框

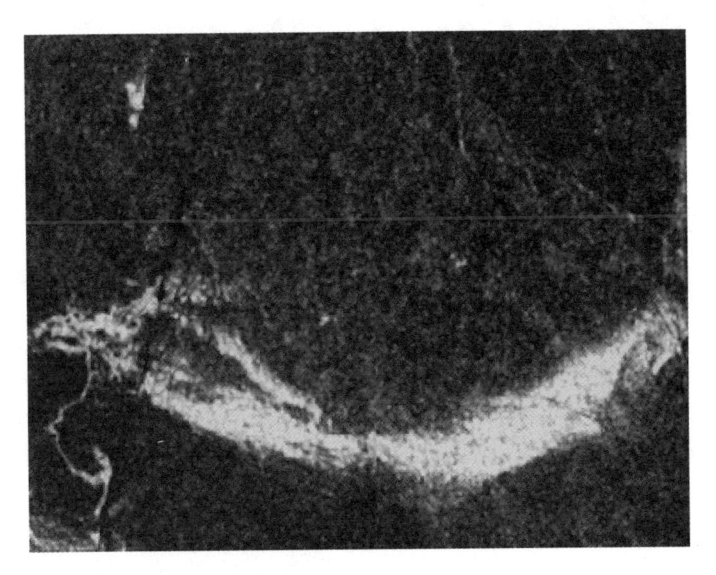

图 4.15 波段叠加结果

4.4.6 监督分类

1. 样本选择

选择【图像分类】下的【ROI 工具】，单击打开“ROI 工具”对话框，如图 4.16 所示。

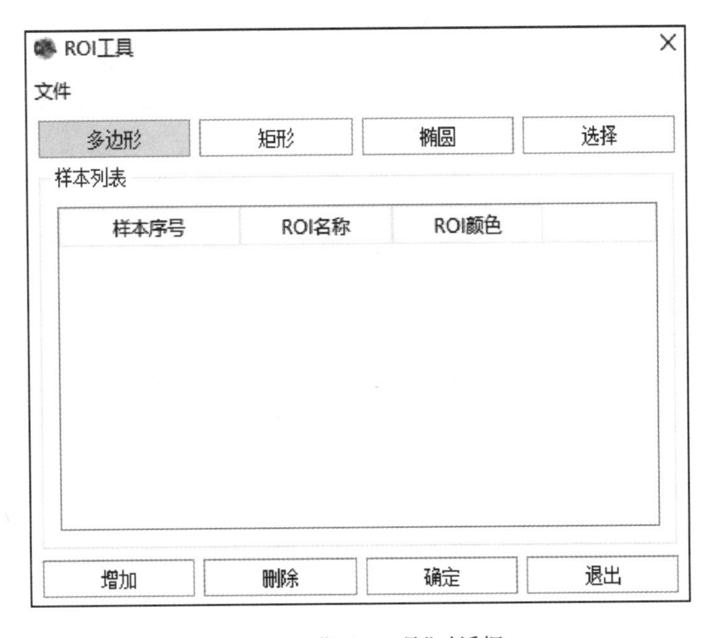

图 4.16 “ROI 工具”对话框

单击【增加】，建立一个新样本，在样本列表中设置该样本的名称和颜色，见图 4.17。根据地物形状选择【多边形】、【矩形】、【椭圆】中的一种，在影像窗口绘制 ROI，绘制完毕后双击鼠标左键，添加感兴趣区至训练样本。重复上述方法，建立多个新样本，如图 4.18 所示。

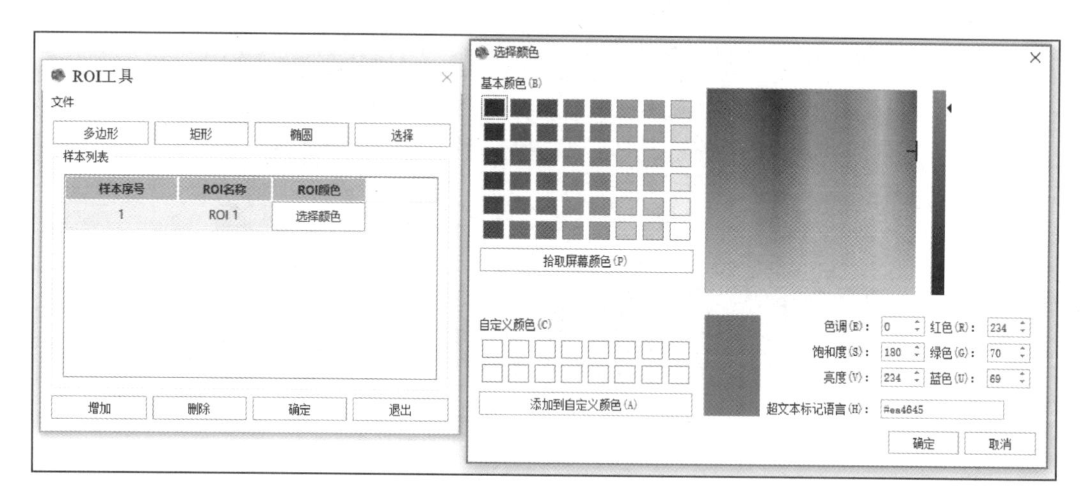

图 4.17 “选择颜色”对话框

(1)样本序号。新建样本的编号。

(2)ROI 名称。当创建一个新样本时，样本名称为类别数，单击 ROI 名称框即可修改新样本的名称。

(3)ROI 颜色。双击 ROI 颜色框，弹出“选择颜色”对话框即可修改该样本的颜色。

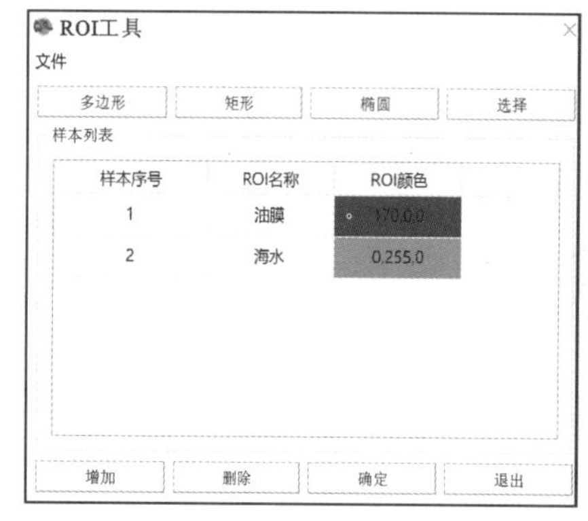

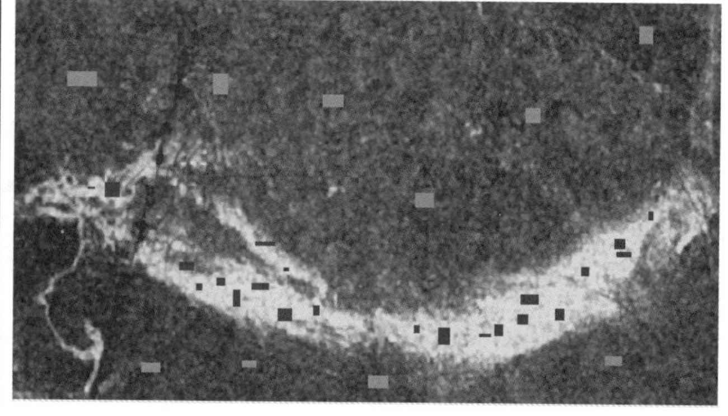

图 4.18 样本选择

样本选择完毕后，在对话框中单击【文件】→【保存 ROI】，设置输出路径，选择与极化数据相同的根目录即可，并命名为 ROI，单击【保存】，可将选择的样本进行保存。

2. 图像分类

在用 ROI 工具添加 ROI 样本区域后，选择【图像分类】下的【监督分类】，单击【最大似然分类】，打开“最大似然分类”对话框，如图 4.19 所示。

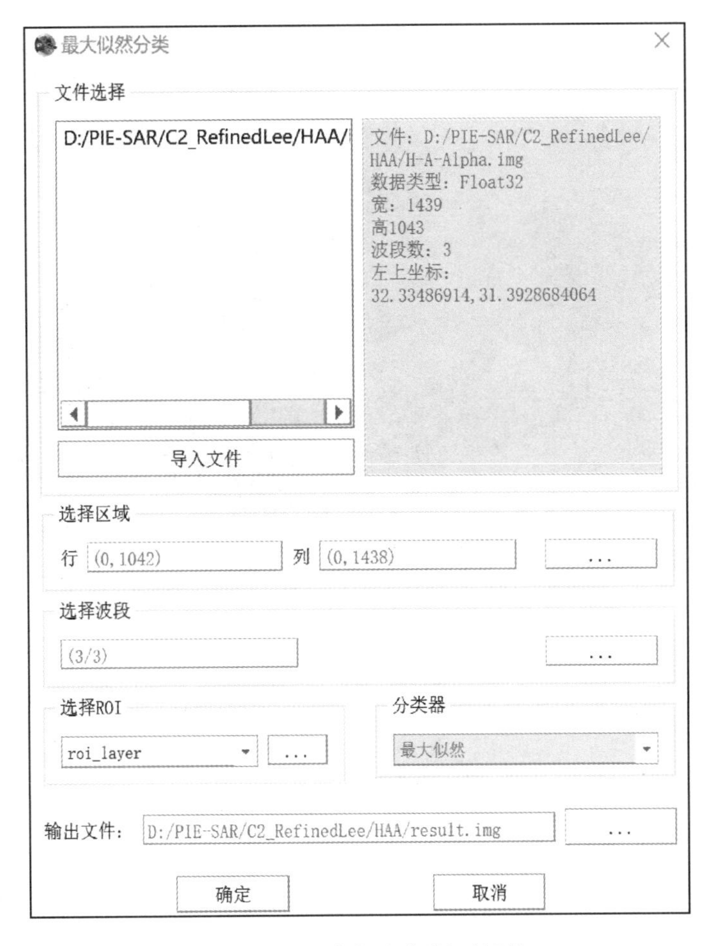

图 4.19 “最大似然分类”对话框

(1)选择文件。在文件列表中选取需要进行分类的文件，右侧显示文件信息，即 H-A-Alpha.img。

(2)导入文件。如果要进行处理的文件不在文件列表中，可以通过单击【导入文件】，添加需要处理的文件到文件列表中。

(3)选择区域。选取需要分类的区域范围。由于 4.4.4 节已对数据进行裁剪，此处默认。

(4)选择波段。选择需要分类的波段。此处默认。

(5)选择 ROI。选择 ROI 文件。

(6)分类器。设置监督分类规则。此处默认选择【最大似然】。

(7)输出文件。设置输出影像保存路径和文件名。这里设置为 result. img。

待所有参数设置完毕后,单击【确定】即可进行最大似然分类,输出分类结果,如图 4.20 所示。

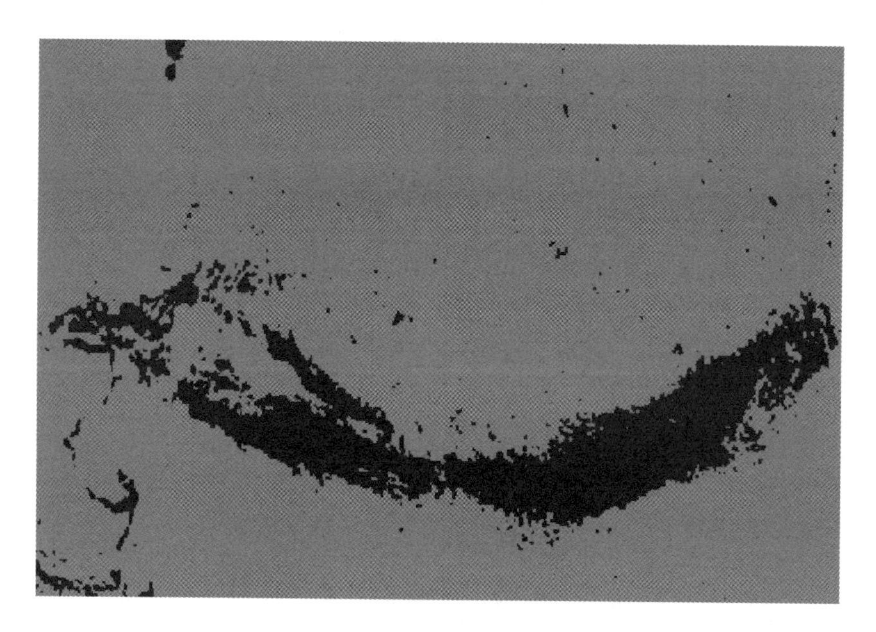

图 4.20 最大似然分类结果

4.5 结果与验证

完成监督分类后,对分类结果进行精度分析。选择【图像分类】标签下的【分类后处理】,打开"精度分析"对话框,如图 4.21 所示。

(1)分类图像文件。选择经过分类的分类影像文件,即 result. img。

(2)真实地面影像。选择真实的地面分类数据。

(3)真实地面矢量。选择真实的地面矢量数据,即真实的地面分类数据矢量化处理后的矢量数据。若已设置真实地面影像,则此项参数无须再设置。

(4)属性。当设置真实的地面矢量数据时,需要选择真实地面矢量文件中用于精度分析的属性字段,一般选择类别名字段。

(5)真实地面分类数据。显示真实地面和分类图像分类数据中的类别个数。

(6)添加匹配。点击真实地面分类数据列表中的类别,再点击分类图像分类数据列表中的类别,点击【添加匹配】按钮,将匹配结果添加显示在"匹配结果"列表中。此处匹配关系为 Unclassified→Unclassified、Class 1→海水、Class 2→油膜。

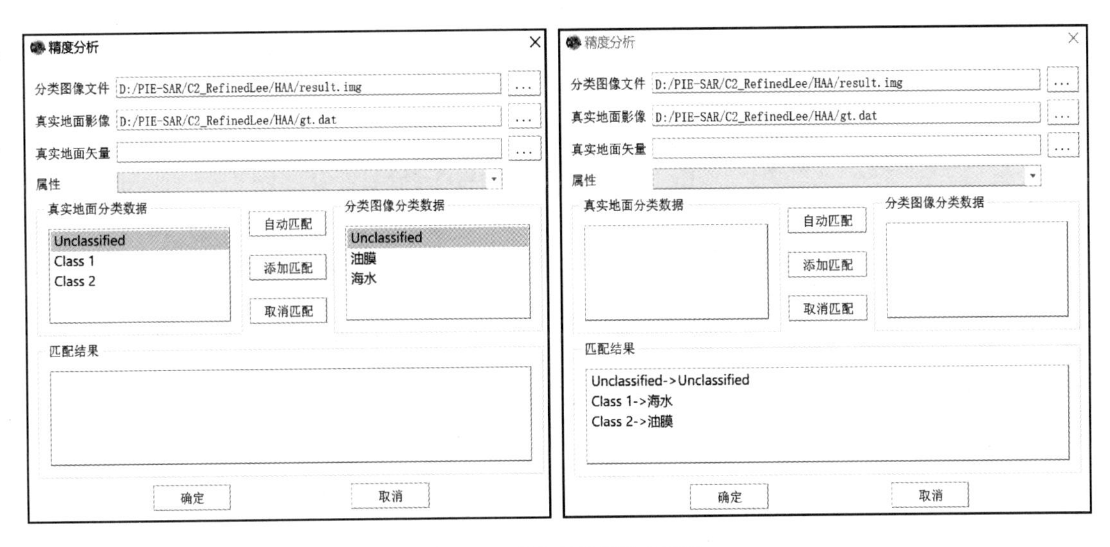

图 4.21 “精度分析”对话框

待所有参数设置完毕后，单击【确定】即可进行监督分类结果精度分析，并输出精度分析混淆矩阵和评价结果，见表 4.2。

表 4.2 精度分析混淆矩阵和评价结果

	海水	油膜
海水	1 326 465	995
油膜	23 191	150 226
总体分类准确率/%	98.39	
Kappa 系数/%	91.65	

5　海上风电场的提取

5.1　背景与意义

风能是一种重要的可再生清洁能源，具有储量大、分布广等特点，成为应对气候危机、建立现代能源体系的重要资源之一。海洋中有着大量优质的风力资源储备。在海上建立风力发电场有着对环境影响小、不占用陆上土地资源、发电利用小时高、适宜大规模开发等优势，近年来成为各国风电发展的重要战略方向。截至 2021 年，全球已有 14 个国家在其沿海前沿安装了海上风电场。

我国是海洋大国，海岸线总长度约为 3.2 万 km，领海面积约为 300 万 km^2。海上可再生风能资源储量可观。我国国家能源局数据显示，2021 年我国海上风电新增装机 16.90GW，同比增长 339.53%，增速创历史新高，海上风电累计装机 26.39GW，居全球第一。然而，随着海上风电场的建设朝着深远海开发，传统的监管模式使得运营管理成本大大增加。这也使得开发新的观测手段以解决海上风电场的监管问题变得更为紧迫。

遥感（remote sensing，RS）彻底改变了观测地球的方式。多源地球观测卫星提供了对无法进入地区的远程访问和定期访问服务，特别是在广阔的海域，不断增加的 RS 数据为监测分布在海洋上的近海基础设施的状况提供了机会。SAR 是一种具有全天候远程成像功能的微波传感器，在军事领域和民用领域都发挥着至关重要的作用。由于它对金属物体（例如船只和石油平台）高度敏感，并且不受天气条件影响，因此 SAR 图像是海洋目标检测的首选。自 2014 年起，欧洲航天局开始发布开源的 Sentinel－1 SAR 图像。相比于 Landsat 系列卫星，Sentinel－1 的空间分辨率较高（10m），且重访周期短（12d），成为研究海上风电场的良好数据源。已有一些学者基于 Sentinel－1 的 SAR 图像数据提出了利用谷歌地球引擎海上基础设施探测器算法对英国海域和中国海域的海上风电场进行检测，取得了较好的效果。

本章基于 PIE－Engine 介绍了庄河海上风电场的提取流程。

5.2 原理与思路

5.2.1 海上风电场的可提取性

一个海上风电场(offshore wind farm,OWF)通常由几个到几百个金属结构的风力涡轮机组成(offshore wind turbine,OWT),大小从几十米到几百米不等。由于由金属构成且结构复杂,OWT 具有较强的角反射特性。因此,OWT 在 SAR 图像对应位置的灰度值比较大,以亮点的形状出现(图 5.1),与周围的海洋环境形成鲜明的对比。由于 OWF 的建设经过合理的规划,这些亮点大都呈规则的阵列式排布。

不可否认的是,其他海面物体(如云、船只、岩石和石油/天然气平台)也会显示为可以探测到的明亮目标。然而,OWT 的位置不变性使它能够与移动的船舶和随机分布的云分离。极为规则和密集的排列样式使它们能够与在海面上分布稀疏和无序的其他静止目标(如石油/天然气平台)区分开来。

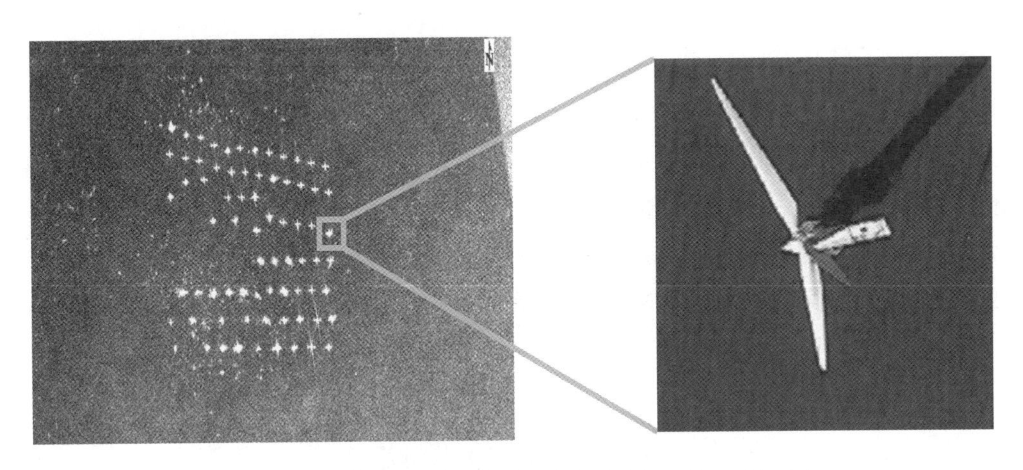

图 5.1　海上风电场 SAR 卫星影像(左)和实际的 OWT(右)

本书选用 IW 条带扫描模式和 VV 极化模式下的 Sentinel - 1 图像,研究在该波段下关于海滩、开阔海面及风电场的后向散射系数,研究结果表明它们具有较高的可分性。

5.2.2 海上风电场的提取思路

(1)去除漂浮或暂时移动的物体。海上风电场在修建完成后的位置是固定不变的,因此,在多张不同时期的图像数据中,会发生位置改变的是干扰物体,如船舶。将多张不同时期的数据组成一个图像集合,计算序列中所有图片对应栅格的最大值和平均值,每个栅格应用于图像的合成以去除漂浮物和船舶等物体。

(2)提取高后向散射目标。最优阈值的选取是提取高后向散射目标过程中最重要的一步。由于全球海水对 SAR 后向散射系数的影响是多种多样的,因此有必要对不同的海洋区域采用自适应阈值。本书借鉴相关文献采用基于网格的后向散射滤波器,该滤波器通过自动自适应阈值(T)来区分高后向散射目标和具有低后向散射值的不同海水背景。阈值定义为最低值和最高值的中值,被称为“半最小-最大阈值”。

$$\begin{cases} \text{binary decision} = \begin{cases} 1 & (I_{BC} \geqslant T) \\ 0 & (I_{BC} < T) \end{cases} \\ T = \dfrac{I_{BC}^{\max} + I_{BC}^{\min}}{2} \end{cases} \tag{5.1}$$

式中,I_{BC}代指栅格中每个像素点的值。

(3)形态运算。采用形态学分析对高后向散射图像目标进行增强。形态学处理方法可以根据图像的形式和结构来纠正失真,这里采用膨胀与腐蚀两种形态学技术。膨胀的输出像素值是邻域内所有像素的最大值,这样可以使物体可见,并填充物体中的小孔。腐蚀的输出像素值是邻域中所有像素的最小值,它能去除岛屿和小物体,从而只保留实质性物体。

5.3 数　据

大连庄河海上风电项目位于辽宁省大连市庄河海域石城岛东侧,装机容量 650MW,共计安装 111 台风力发电机组,年上网电量可达 17.3 亿 kW·h,每年可节约标煤 54 万 t,减少二氧化碳排放量 112 万 t。其中:Ⅱ风场装机容量 300MW,是我国北方首个以工程总承包(engineering procurement and construction,EPC)方式建设的大型海上风电工程;Ⅳ1 风场装机容量 350MW,安装 26 台 7.5MW 和 25 台6.2MW(装机容量为 350MW)的风力发电机组,是我国北方单体容量最大且离岸距离最远的海上风电项目。

5.4 操作步骤

进入 PIE-Engine 在线代码编辑平台,点击【新建】→【脚本文件】,新建一个脚本文件进行代码编辑。

(1)设置兴趣区域 ROI。使用 Polygon 函数创建一个多边形对象作为 ROI 区域。该范围需要覆盖风电场的所有风力发电机。

(2)通过在线数据集生成图像集合。PIE-Engine 平台提供了可在线获取的公开数据集资源 Sentinel-1 SAR GRD。该数据集经过了辐射校正等处理,通过 ImageCollection 可以批量获取所需影像数据。通过以下代码筛选 2022 年 1 月 1 日—6 月 30 日期间庄河发电场的卫星影像并且将影像数据(图 5.2)转为分贝(dB)值。

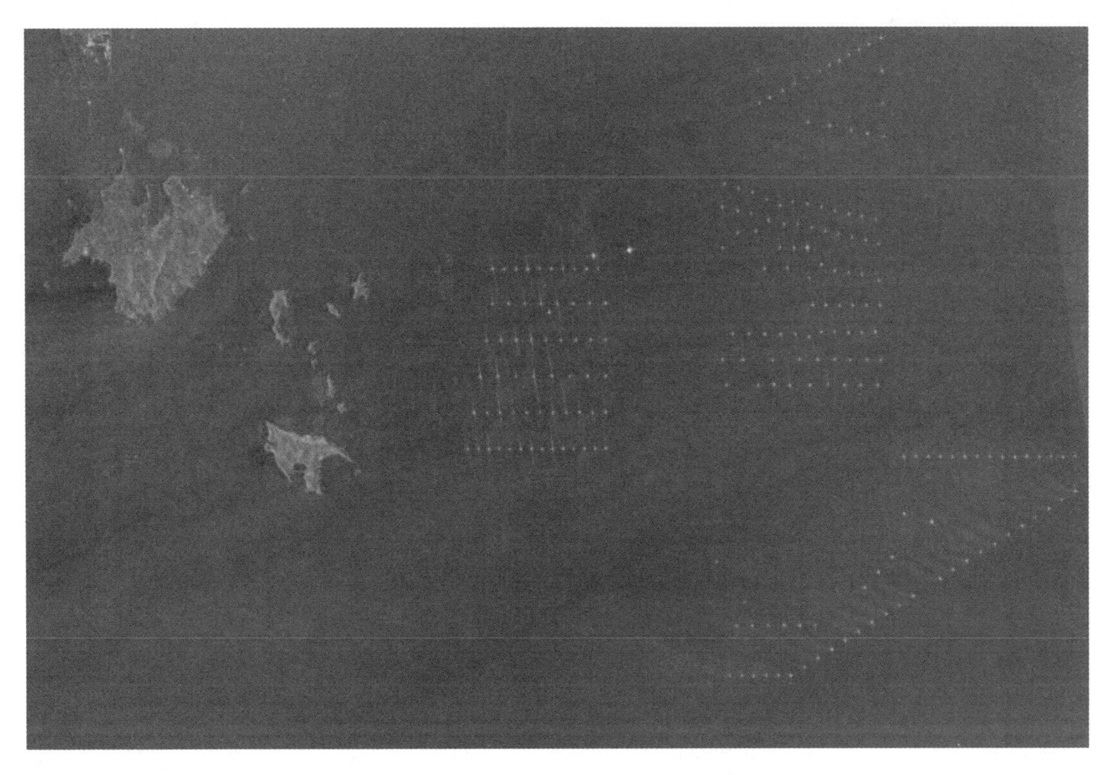

图 5.2 从数据集中获取的原始 SAR 图像

```
var geometry = pie.Geometry.Polygon(
  [[
    [123.10,39.20],
    [123.54,39.20],
    [123.55,39.69],
    [123.10,39.70],
    [123.10,39.20],
  ]],null,false);
```

```
function toDB(img){
    return pie.Image(img).log10().multiply(10.0);
}
//加载影像(指定时间、范围、波段)过滤
```

```
var s1Img = pie.ImageCollection("S1/L1C/GRD")
                .filterDate("2022-01-01","2022-06-30")
                .filterBounds(roi)
                .select(["vv","vh"])
                .map(toDB);
//展示效果
Map.addLayer(s1Img.select("vv"),{min:-20,max:5},"vv");
```

(3)去除漂浮或暂时移动的物体。通过 reduce()函数对多张不同时间段的图像集成,去除移动的干扰目标,留下在海面上稳定存在的物体,如风电场与岛屿。图 5.3 是最大值合成图像,图 5.4 是均值合成图像。

```
var Sen1VVImg_Max=s1Img.reduce(pie.Reducer.max()); //得到图像集的最大值合成
var Sen1VVImg_IntMean = s1Img.reduce(pie.Reducer.mean());//得到图像集的平均值合成
```

图 5.3　最大值合成图像

图 5.4 均值合成图像

(4)提取高后向散射目标。对比图 5.3 和图 5.4 的效果,选择均值合成进行后续的处理。通过 reduceRegion()函数计算得到区域内像素点的最大分贝值与最小分贝值,通过式(5.1)得到阈值,通过 gt()函数实现提取,效果如图 5.5 所示。

```
var AOI_MaxValue = Sen1VVImg_IntMean.reduceRegion(pie.Reducer.max(),roi,30);
var AOI_MinValue = Sen1VVImg_IntMean.reduceRegion(pie.Reducer.min(),roi,30);
var AOI_MeanValue = Sen1VVImg_IntMean.reduceRegion(pie.Reducer.mean(),roi,30);
var max1= pie.Number(AOI_MaxValue.getNumber('vv'));
var min1= pie.Number(AOI_MinValue.getNumber('vv'));
var Min_Max = max1.subtract(min1).multiply(0.5);
var OWF_Thershold =  max1.subtract(Min_Max);
var Sen1VVImg_OWF = Sen1VVImg_IntMean.gt(OWF_Thershold);
Map.addLayer(Sen1VVImg_OWF,{min:0,max:1},"Sen1VVImg_OWF");
```

图 5.5　高后向散射目标提取效果图像

(5)形态学运算。由于前一步生成的二值图像可能会受到噪声和纹理的影响，这里采用 focal_min()和 focal_max()函数对高后向散射图像目标进行增强，半径设置为 2，类型默认为“circle”(图 5.6)。

```
var Sen1VVImg_OWFOpened = Sen1VVImg_OWF.focal_min(2).focal_max(2)
```

图 5.6　形态学处理图像

5.5 结果与验证

按照上述操作，得到所选ROI区域的图像并导出。得到2022年庄河海上风电场提取结果如图5.7所示。

```
var OWFFeaCol = OWFFeaCol.clip(roi);
Map.addLayer(OWFFeaCol,{min:0,max:1},"OWFFeaCol");
Export.image({
    image:OWFFeaCol,
    description:"ExportOWF",
    assetId:"test/pie_img01",
    region:roi,
    scale:8
});
```

图5.7 2022年庄河海上风电场提取图像

6 海冰时空变化的提取

6.1 背景与意义

在全球气候变化的背景下，北极和南极因地理环境不同，海冰变化有着明显的差异。北极海冰变化与气温的放大作用有着密切的关系。作为巨大的冷源，极区海冰的时空分布和变化不仅直接影响海洋环流，而且对全球大气环流都有举足轻重的影响。极区环境的变化对大气环流和气候的影响是全球性的，海冰作为两极地区反照率最高的地表类型，可将大部分入射辐射能量反射回天空。北极海冰的消融，增加了北极的能量来源，对应北极的气温、海温也会发生变化。因此，两极地区的海冰变化对大气辐射平衡系统和全球气候变化都会有重要的影响。

海冰尽管几乎只存在两极地区，却能在很大程度上影响全球的气候系统。反照率是气候系统中太阳辐射能量吸收的一个重要因素。海冰对太阳辐射的反照率比海水的大，开放海域的反照率为10%～15%，海冰的反照率为80%左右。大面积的海冰覆盖会使绝大部分太阳辐射能量被反射回大气，从而使温度下降，对海冰面积的增长起到促进作用；反之，海洋吸收更多的太阳辐射能量会使海冰面积变小，导致温度上升。

海冰面积的大小不仅对温度有影响，还对全球气候造成了显著的影响。近几年，全球气候变暖，北极的海冰退缩，主要表现在海冰面积减小，海冰厚度变薄。2007年，北极海冰范围已经创下历史最低值，约为413万km^2。

因此，研究极区环境变化尤其是极区海冰的变化规律和未来可能的融化是研究全球气候变化不可缺少的环节，对全球气候变化的影响机理和可预报性有着重要的科学意义。

此外，研究海冰变化对人类活动造成的影响也有着重要的实际应用价值。海冰是船舶在极区海域航行的主要威胁。2013年12月底，受天气系统的影响，默茨冰架西侧的海域海冰快速堆积，先后困住了俄罗斯“绍卡利斯基院士”号和前去救援的中国“雪龙”号。我国第25、第26次南极科学考察，“雪龙”号都有被困无法前进的经历；而我国第27、第28、第29次南极科学考察由于采用了卫星遥感技术支持，在航行上少有受阻情况，其中第28次南极考察由于从卫星数据发现一条水道，仅用1.5d就到达卸货地点。此外，很多商船没有破冰能力，需要明确海冰覆盖区域的位置，从而避开海冰。因此，海冰密集度和海冰覆盖范围的监测和预报对极区海上交通和海上作业及对海冰资源的开发都具有重要意义。

卫星遥感技术是快速、宏观探测极区海冰的有效手段之一，弥补了传统海冰变化监测方法的不足。对过去极地海冰卫星资料进行挖掘分析可得到极区多年海冰的变化规律；利用遥感数据动态和实时的特点可及时提供极区的海冰分布信息，为航行在该区域的船舶提供及时的信息决策支持，减少航行风险，提高航行效率。

6.2 原理与思路

我国渤海受冷空气影响，每年冬季都有三四个月的结冰期。在冰情严重时，该海域冰厚可达15～45cm。海冰在蓝光波段(0.4～0.5μm)的反射率为10%左右，到0.75μm以后的红外波段便成了全吸收体，反射率值接近于0。海冰的这一反射率特性被用于光学遥感图像提取海冰。目前，进行海冰范围提取的研究较成熟，对于海冰厚度反演的不确定性较大，尚无准确可靠方法。因此本章内容主要探讨海冰范围提取以计算海冰面积。

在海冰提取范围仅用于面积计算的情况下，结合操作难度和提取精度综合考虑，且由于海冰和海水在遥感数据上的反照率差异较为明显，符合最大似然法的使用前提，所以选用了最大似然法。

6.2.1 最大似然法

遥感影像计算机自动识别与分类就是利用计算机对地球表面及其环境在遥感图像上的信息进行属性的识别和分类，从而达到识别图像信息所对应的实际地物，并提取所需地物信息的目的。遥感影像自动分类主要是利用地物(或对象)在遥感影像上反映出来的光谱特征来进行识别与分类。

在传统的遥感图像分类中，最大似然法的应用比较广泛。该方法通过对感兴趣区域的统计和计算得到各个类别的均值和方差等参数，从而确定一个分类函数，然后将待分类图像中的每一个像元代入各个类别的分类函数，将函数返回值最大的类别作为被扫描像元的归属类别，从而达到分类的效果。

海冰在近红外波段及归一化水指数(normalized difference water index，NDWI)图像上均有较为明显的特征。为了对比两种特征作为输入后最大似然法的分类结果，本实验将两者进行了对比(图6.1)。

在对比实验中，最大似然法提取使用的样本区域相同，遥感数据的拍摄时间、拍摄地点、拍摄卫星相同。

经过对比后，近红外波段的提取效果更好，所以笔者在后续操作中使用近红外波段的数据进行最大似然法的提取，并根据近红外图像实际效果选定海冰样本区与海样本区。

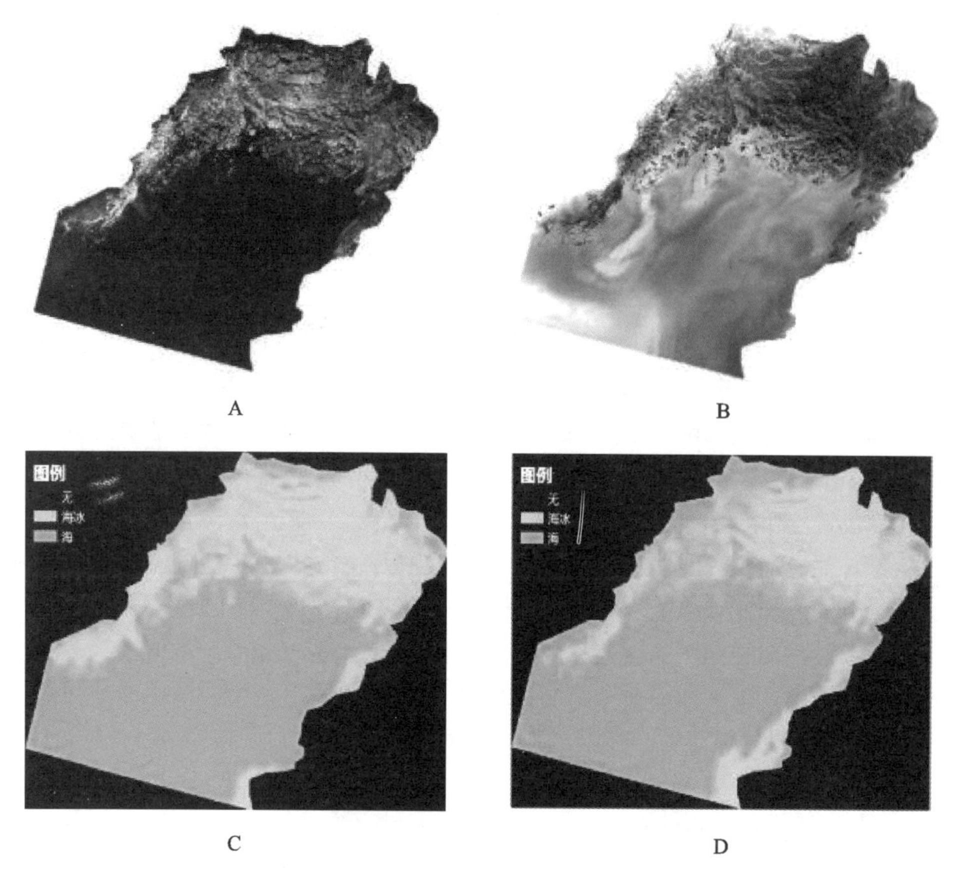

A. 裁剪后 Landsat 8 波段 5(近红外)图像;B. 裁剪后的原始 NDWI 图像;C. 最大似然法处理后的 A 图像;D. 最大似然法处理后的 B 图像。

图 6.1　近红外波段与 NDWI 提取对比图

6.2.2　精度评价方法

使用由美国国家冰雪数据中心(National Snow and Ice Data Center,NSIDC)提供的利用 MODIS 提取的海冰范围产品,通过图像的叠加运算来对以上两种方法的提取结果进行精度评价(图 6.2)。

海冰范围产品数据均选用与遥感数据获取日期相同的数据。由于海冰范围产品分辨率较低,因此先要对提取的原始图像进行重采样以降低分辨率,最终分辨率应与海冰范围产品分辨率一致。

将两图叠加运算后,根据结果中各像元的像元值判断区域类型:1 代表海冰重叠区,2 代表海冰海水重叠区。为了方便理解,以下将海冰重叠区面积统称为 S_1,海冰海水重叠区统称为 S_2。

精度评价参数公式为

$$P = \frac{S_1}{S_1 + S_2} \tag{6.1}$$

式中,P 代表精度评价指数。基于本实验中的实际数据表现与低分辨率的海冰范围产品综合考虑,当 P 大于 0.75 时,即认为精度良好。

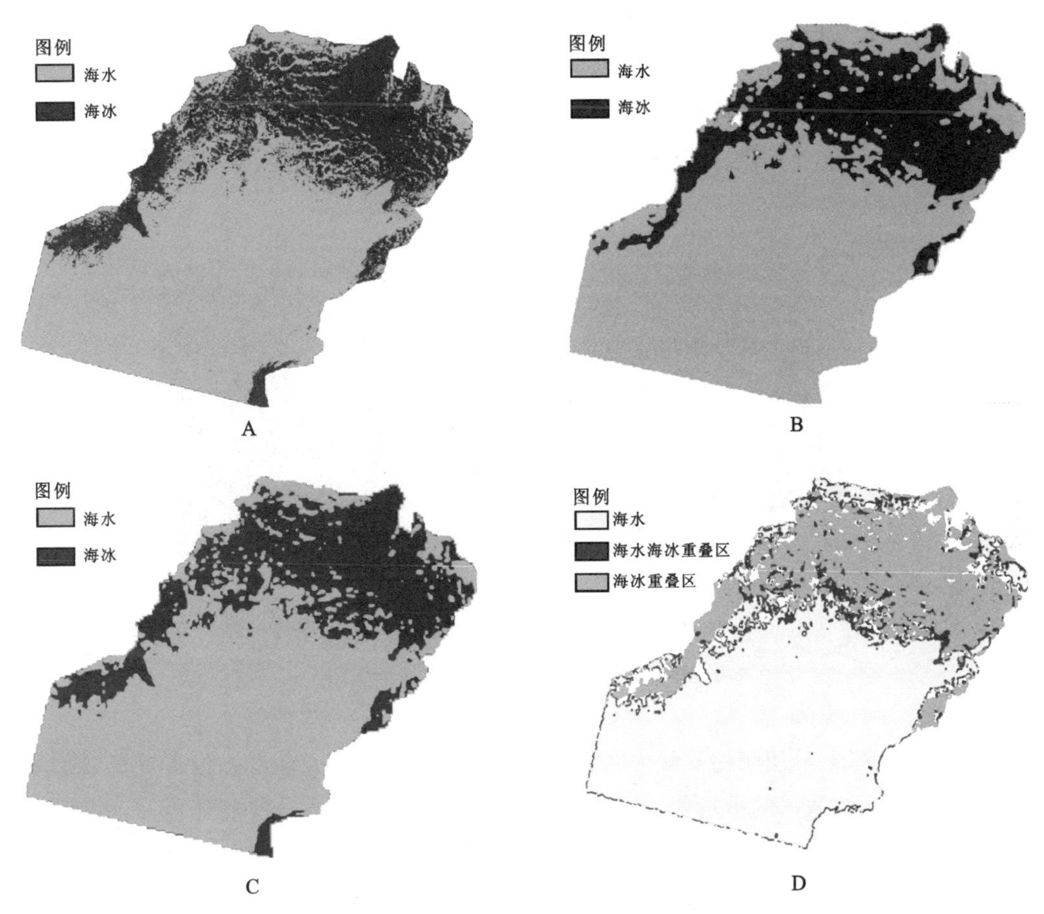

A. 提取原始图像;B. NSIDC 海冰范围产品图像;C. 重采样图像;D. B 和 C 叠加运算生成图像。

图 6.2 精度评价方法图

6.2.3 数据的预处理

1. 数据筛选

被云遮挡的图像会影响海冰的提取,因此要尽量筛选没有被云遮挡的图像,优先选择云量在 15%以下的图像。

考虑分析面积的年际变化,因为使用每年当中海冰面积相对大的数据,所以要筛选海冰面积最大的遥感图像,优先选择目视海冰覆盖面积最大的图像。

基于遥感数据固定区域的海冰提取,由于数据有限,通常不能做到连续几年内相同的卫星都有较好效果的数据,为保证数据差异最小,优先选用卫星传感器一样的遥感数据。最终选用高分一号数据13景，高分六号数据1景，Landsat 7数据1景，Landsat 8数据7景，Landsat 9数据2景。

2. 坏线处理

由于Landsat 7的传感器故障，数据会有条带状的噪声，进而影响海冰面积提取的精度，因此，在数据处理之前需对Landsat 7数据进行坏线处理(图6.3)。本节采用平均插值法填补空白条带，具体使用的是ENVI的gapfill插件。

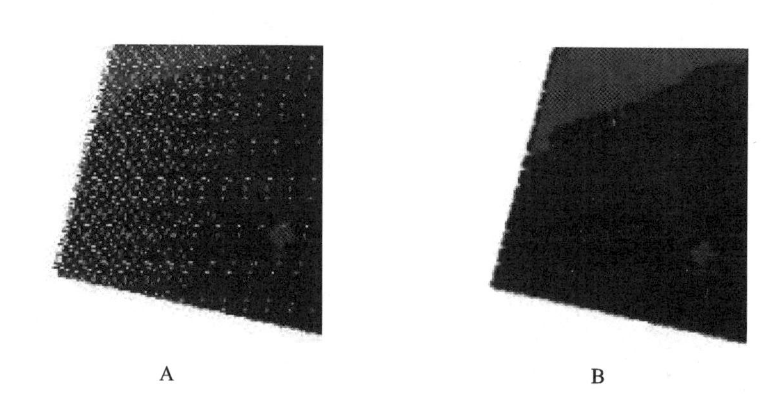

A. 原始图像；B. 修复后图像。

图6.3 Landsat 7坏线修复效果图

平均插值法是一种用于估算缺失数据的插值方法。该方法的基本思想是对于某个缺失值，将其估算为已知数据的平均值，即找到缺失值的邻近数据点。这些邻近数据点可以是缺失值前后的数据点，也可以是离缺失值最近的数据点。将邻近数据点的值相加，然后除以邻近数据点的数量，得到平均值，将缺失值估算为邻近数据点的平均值。

3. 遥感数据镶嵌

遥感数据镶嵌是将两幅或多幅遥感图像(这些图像可能是在不同的成像条件下获取的)拼接在一起构成一幅整体图像的过程。这个过程通常先对每幅图像进行几何校正，将它们划归到统一的坐标系中，然后对它们进行裁剪，去掉重叠的部分，再将裁剪后的多幅图像镶嵌在一起，最后消除色彩差异，形成一幅宽幅的图像。根据用于镶嵌的数据是否经过几何校正、是否含有地理编码，遥感数据镶嵌可分为基于像元的镶嵌和基于地理坐标的镶嵌。遥感数据镶嵌一般包括以下几个主要过程：

(1)数据定位。即相邻数据间的几何配准，其目的是确定数据的重叠区。重叠区确定得准确与否将直接影响到数据镶嵌效果的好坏。

(2)色彩平衡。遥感数据数字镶嵌技术中的一个关键环节。不同时相或成像条件存在差异的数据，由于要镶嵌的数据辐射水平不一样，数据的亮度差异较大。若不进行色调调整，镶嵌在一起的几幅图即使几何位置配准很理想，由于色调各不相同，就不能很好地进行实际应用。另外，成像时相和成像条件接近的数据也会由于传感器的随机误差造成不同像幅的数据色调不一致，从而影响应用的效果。因此，必须进行色调调整，包括数据内部的色彩平衡以及数据间的色彩平衡。

(3)接缝线处理。可细分为重叠区接缝线的寻找以及接缝线的消除。接缝线处理的质量直接影响镶嵌数据的效果。在镶嵌过程中，即使对两幅数据进行了色调调整，但两幅数据接缝线处的色调也不可能完全一致，因此，还需对数据的重叠区进行色调的平滑处理以消除接缝线。

对于已经过地理坐标定位的数据，采用基于地理坐标的镶嵌方式，数据间重叠区由其坐标计算而得；不包含地理编码的数据则须采取基于像元的镶嵌，可以通过数据间的特征点匹配或手工指定来确定重叠区，而 ENVI 使用手工指定方式。

4. 图像裁剪

图像裁剪的目的是获取选定的影像范围区域。图像裁切工具提供像素范围裁切、文件裁切、几何图元裁剪和指定区域裁切 4 种方式。像素范围裁切是基于像素坐标获取矩形裁切区域的裁切方式；文件裁剪是可以基于矢量文件或者栅格文件地理坐标获取任意形状裁切区域的裁切方式；几何图元裁切是基于交互方式在主视图上绘制多边形来获取裁切范围的裁切方式；指定区域裁切是以指定的点为中心，再以指定的长和宽为步长形成一个矩形裁剪区域的裁切方式。

在实际工作中，遥感影像往往是整块的，与研究区域相差甚远，因此就需要裁剪影像图。主要包括指定区域裁剪和按照.shp 矢量图层文件裁剪。

6.3 数　据

本书选取了 2014—2023 年每年辽东湾海冰发生区域的海冰高峰期(1 月 18 日—2 月 11 日)的高分一号及高分六号多光谱数据，数据由陆地观测卫星数据服务获得。相比于其他数据，高分数据既可满足要求，也更容易获取，且设置的波段范围(表 6.1)能满足本实验的所有要求。

表 6.1　卫星参数表

卫星(传感器)	波段序号	波长范围/μm
高分一号(WFV)	B1	0.45～0.52
	B2	0.52～0.59
	B3	0.63～0.69
	B4	0.77～0.89

续表 6.1

卫星(传感器)	波段序号	波长范围/μm
高分六号(WFV)	B1	0.45～0.52
	B2	0.52～0.59
	B3	0.63～0.69
	B4	0.77～0.89
	B5	0.69～0.73
	B6	0.73～0.77
	B7	0.40～0.45
	B8	0.59～0.63
Landsat 7(ETM+)	B1	0.45～0.52
	B2	0.52～0.59
	B3	0.63～0.69
	B4	0.77～0.89
	B5	1.55～1.75
	B6	10.4～12.5
	B7	2.08～2.35
	B8	0.52～0.90
Landsat 8(OLI)	B1	0.43～0.45
	B2	0.45～0.52
	B3	0.52～0.59
	B4	0.63～0.69
	B5	0.77～0.89
	B6	1.57～1.65
	B7	2.11～2.29
	B8	0.50～0.68
	B9	1.36～1.38
Landsat 9(OLI-2)	B1	0.43～0.45
	B2	0.45～0.52
	B3	0.52～0.59
	B4	0.63～0.69
	B5	0.77～0.89
	B6	1.57～1.65
	B7	2.11～2.29
	B8	0.50～0.68
	B9	1.36～1.38

注：WFV. wide field of view，宽幅相机；ETM+. enhanced thematic mapper plus，增强专题成像仪；OLI. operational land imager，陆地成像仪。

高分数据的获取级别为 1A 级，即经数据解析、均一化辐射校正、去噪、调制传递函数补偿(modulation transfer function compensation，MTFC)、电荷耦合元件(charge - coupled device，CCD)拼接、波段配准等处理的影像数据，并提供卫星直传姿轨数据生产的 RPC 文件。

Landsat 数据的获取级别为 L1TP 级，即已利用地面控制点(ground control points，GCPs)和数字高程模型数据进行辐射和正射校正，以校正地形位移，是最适合像元级时间序列分析的质量最高的一级产品。

由于卫星数据仅用于提取海冰范围计算面积的大小，所以仅需对所选数据再进行数据筛选、数据镶嵌、数据裁剪 3 个步骤。

以下介绍高分数据的下载方法，陆地观测卫星数据服务平台网址为 https://data.cresda.cn。

(1)点击通用卫星载荷检索。

(2)卫星传感器选择用高分一号数据 13 景，高分六号数据 1 景(图 6.4)。

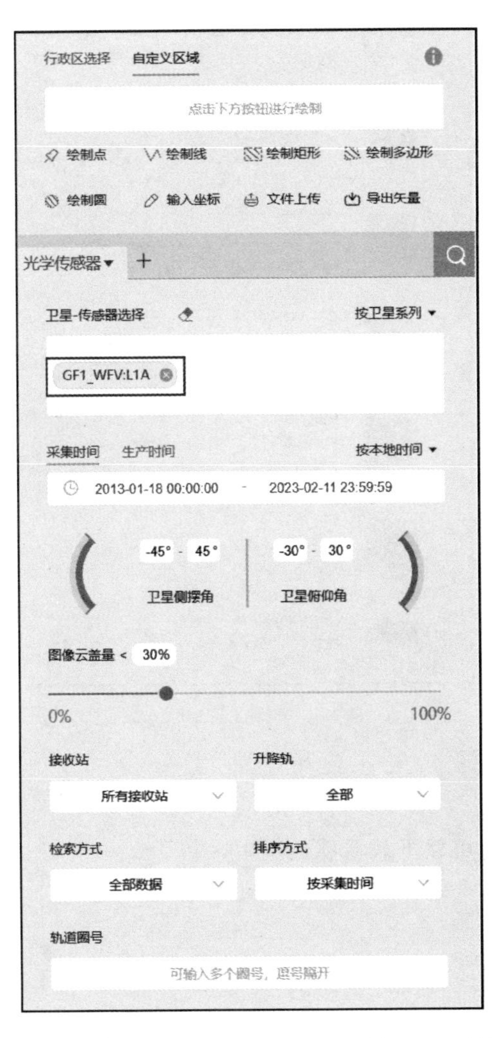

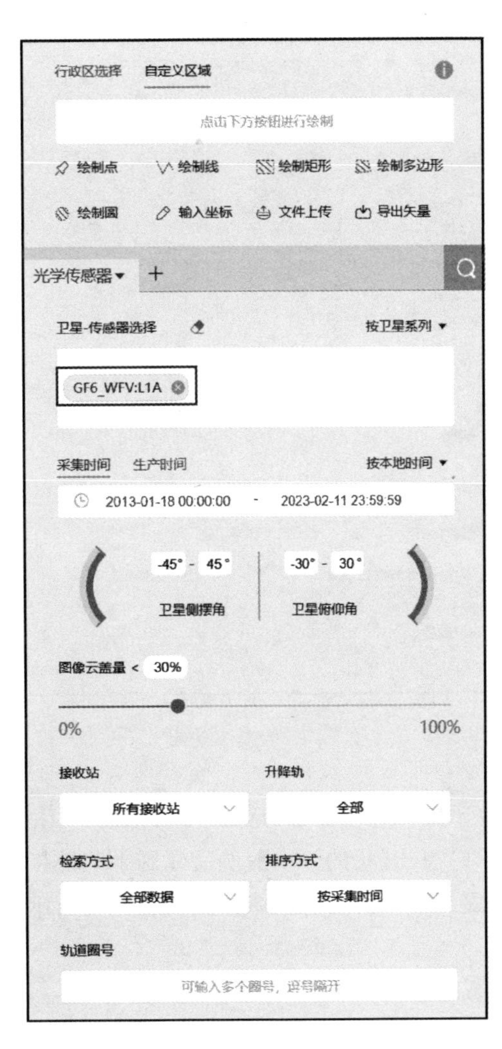

图 6.4　卫星传感器的选择

(3)自定义区域选择【绘制多边形】(图 6.5),然后进行搜索。

(4)选择【生成订单】(图 6.6)。

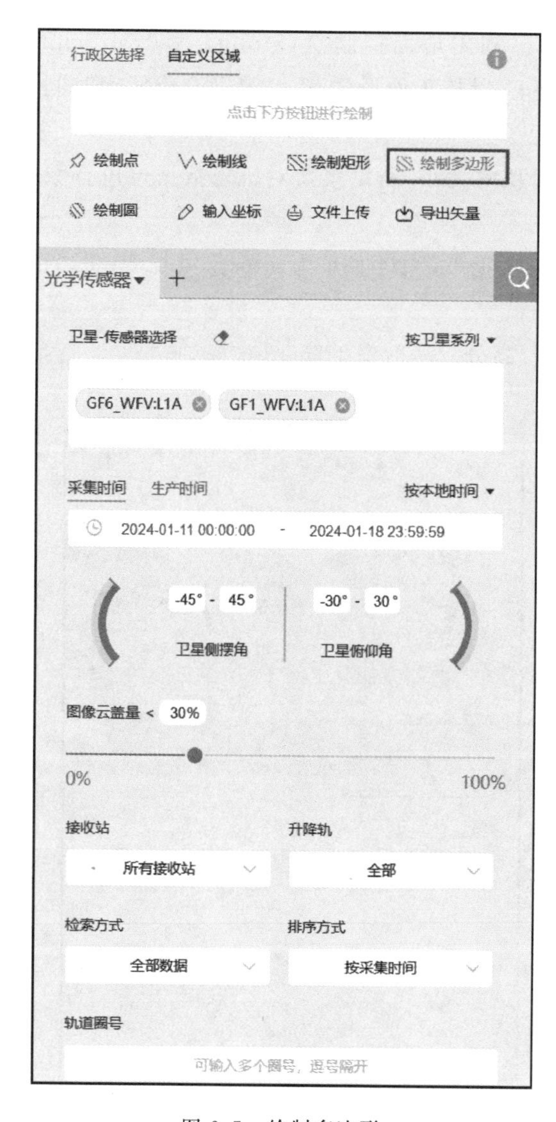

图 6.5　绘制多边形

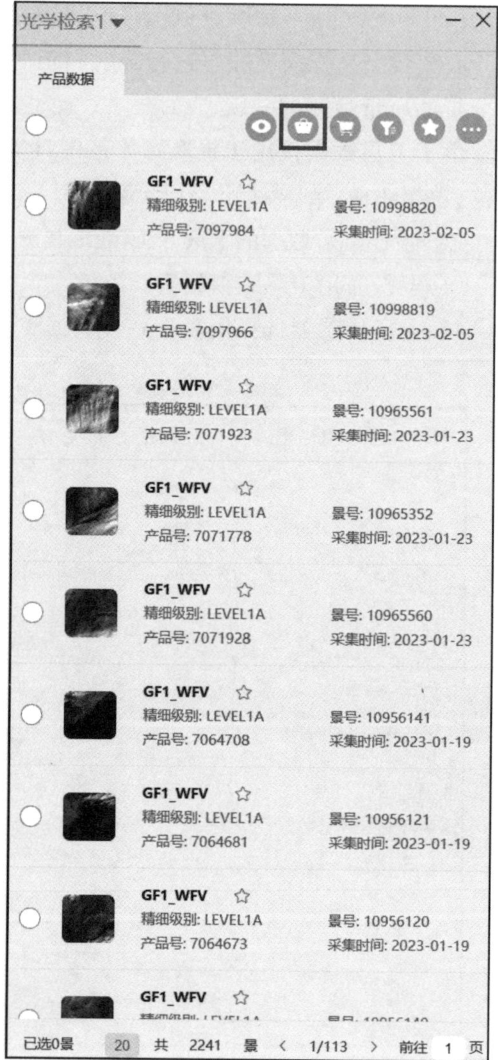

图 6.6　生成订单

(5)输入订单名称,选择产品并提交(图 6.7)。

(6)点击【我的订单】,然后复制下载链接,就可以下载遥感数据了(图 6.8)。

最终下载的实验遥感数据如表 6.2 所示。

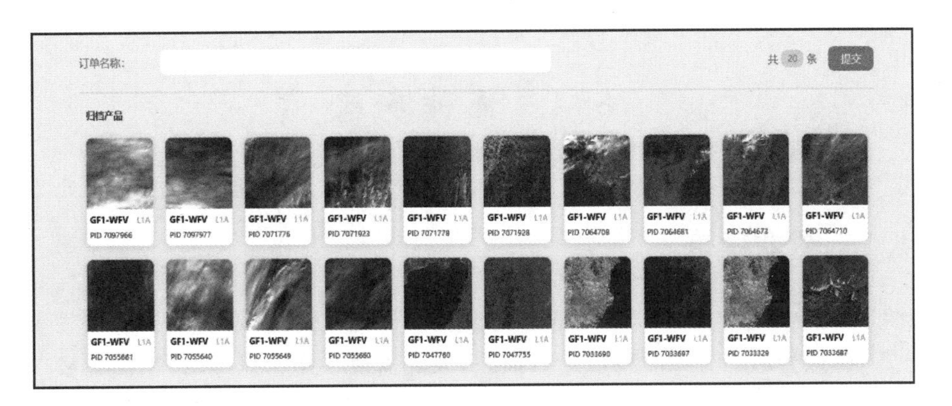

图 6.7 选择产品

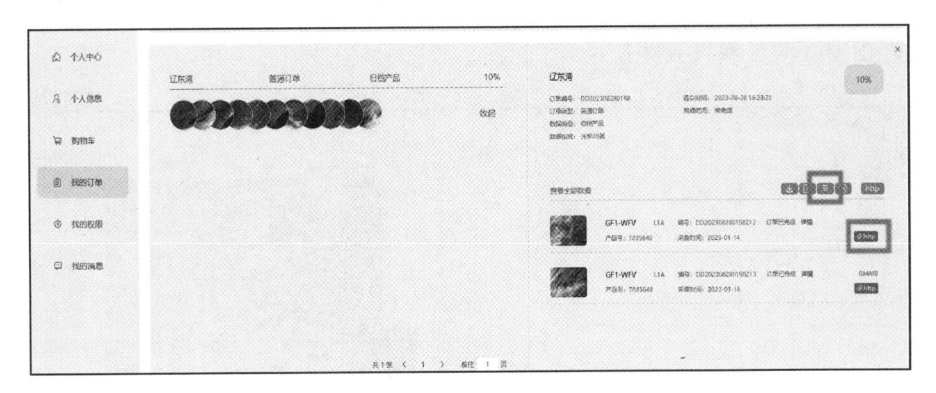

图 6.8 复制下载链接并进行遥感数据下载

表 6.2 遥感数据基本信息表

图像编号	卫星(传感器)	成像时间(年.月.日)	图像编号	卫星(传感器)	成像时间(年.月.日)
1	高分一号(WFV)	2014.02.11	13	高分一号(WFV)	2022.02.05
2	高分一号(WFV)	2014.02.11	14	高分六号(WFV)	2023.02.06
3	高分一号(WFV)	2015.01.22	15	Landsat 8(OLI)	2014.01.18
4	高分一号(WFV)	2016.01.29	16	Landsat 8(OLI)	2015.02.06
5	高分一号(WFV)	2016.01.29	17	Landsat 8(OLI)	2016.01.24
6	高分一号(WFV)	2017.02.10	18	Landsat 8(OLI)	2017.02.11
7	高分一号(WFV)	2018.02.05	19	Landsat 8(OLI)	2018.01.29
8	高分一号(WFV)	2018.02.05	20	Landsat 8(OLI)	2019.02.01
9	高分一号(WFV)	2019.02.06	21	Landsat 8(OLI)	2020.02.04
10	高分一号(WFV)	2020.02.05	22	Landsat 7(ETM+)	2021.01.29
11	高分一号(WFV)	2020.02.05	23	Landsat 9(OLI-2)	2022.02.01
12	高分一号(WFV)	2021.02.01	24	Landsat 9(OLI-2)	2023.02.04

6.4 操作步骤

6.4.1 图像镶嵌

由于部分高分遥感数据一张图像无法完全覆盖研究区，分开进行分析会产生重叠区域的二次计算，而这会影响海冰面积信息的提取，因此需要使用两张同时段、同为研究区数据的相邻数据进行镶嵌处理，使研究区数据完整。此时就需要进行图像镶嵌，即将多幅遥感影像镶嵌生成无缝的遥感影像。

(1)将要镶嵌的数据拖入图层中(图 6.9)。

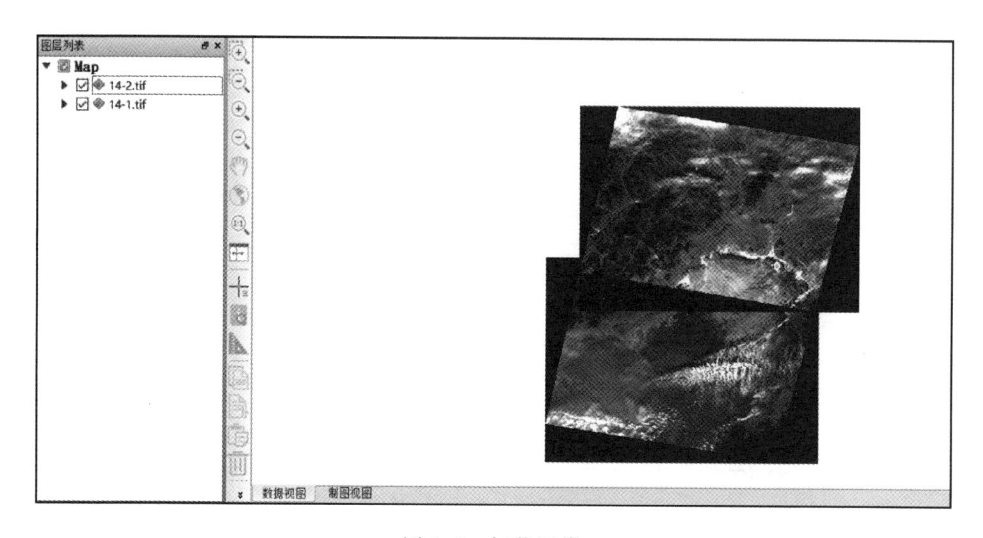

图 6.9　加载图像

(2)生成镶嵌面。①选择分页栏中的【图像预处理】选项；②选择【生成镶嵌面】工具；③选择镶嵌生成方式并导出镶嵌面地址(图 6.10)，生成的镶嵌面如图 6.11 所示。

图 6.10　“镶嵌面生成”对话框

生成镶嵌面

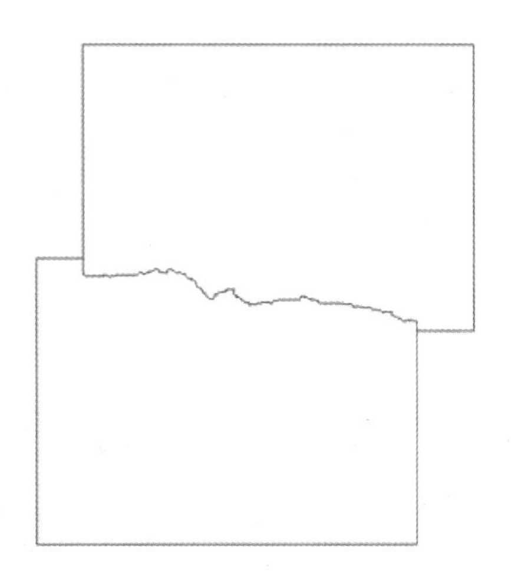

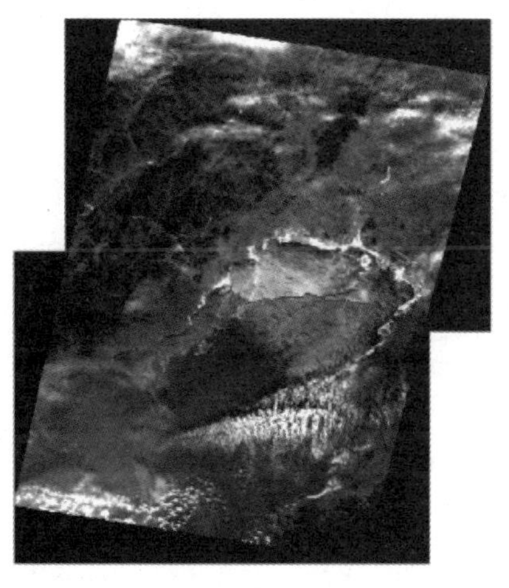

图 6.11 镶嵌面

(3)输出成图。当图层中存在原数据及镶嵌面时，输出成图工具变为可选状态，选择【输出成图】工具。打开“Mosaic Output”对话框，根据需求选择输出格式。本实验中选择了【整幅输出】(图 6.12)，结果如图 6.13 所示。

整辐输出

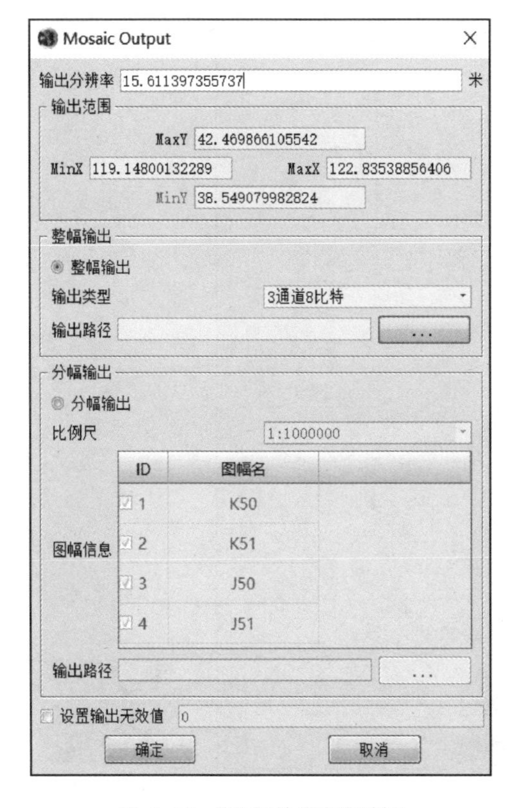

图 6.12 “整幅输出”对话框

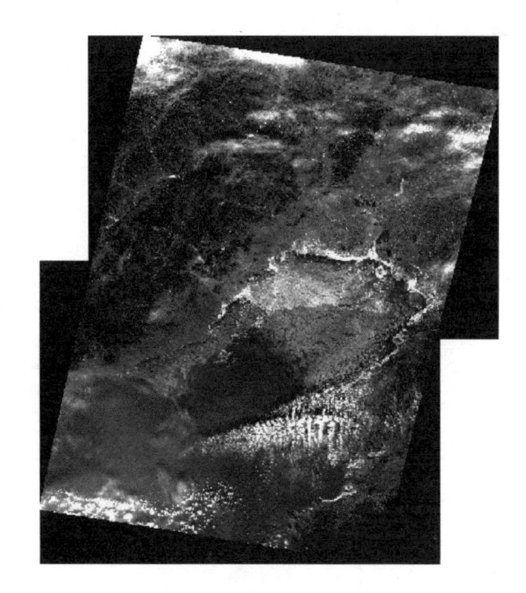

图 6.13 整幅输出图像结果

6.4.2 图像裁剪

由于本实验仅分析辽东湾区域，因此不需要辽东湾以外的区域参与研究。数据过多会导致分析效率下降，所以要进行裁剪操作，即将研究之外的区域去除，输出所需范围的图像。

(1)确定裁剪范围。根据裁剪需求制作或下载代表裁剪范围的矢量数据，如图 6.14 所示。

(2)图像裁剪。①选择分页栏中的【图像预处理】选项；②选择【图像裁剪】工具打开“图像裁剪”对话框；③根据需求选择裁剪方式和输出地址(图 6.15)。

本实验根据矢量数据进行裁剪，结果如图 6.16所示。

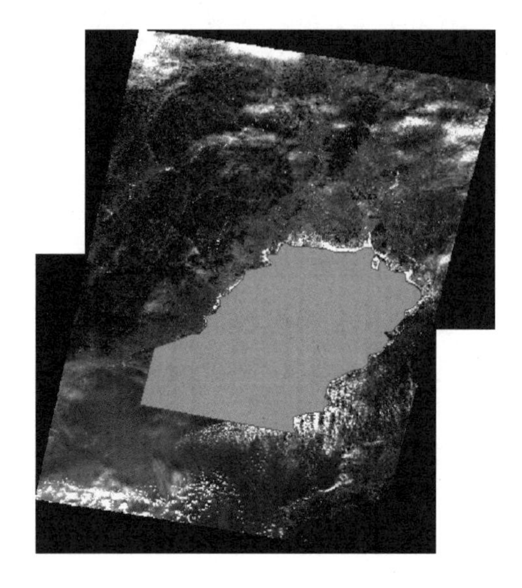

图 6.14　确定图像裁剪范围

图 6.15　“图像裁剪”对话框

图像裁剪
(海冰提取)

图 6.16 裁剪完成后的图像

6.4.3 波段运算

利用绿色波段与近红外波段，通过波段运算可以构建 NDWI 的图像。NDWI 可以突出图像中的水体且能够抑制植被信息，可基于该指数获得海陆分界线制作矢量数据。

$$I_{\mathrm{NDWI}}=\frac{R_{\mathrm{GREEN}}-R_{\mathrm{NIR}}}{R_{\mathrm{GREEN}}+R_{\mathrm{NIR}}} \tag{6.2}$$

式中：R_{GREEN}代表绿波段反射率；R_{NIR}代表近红外波段反射率。

对遥感数据的像元值进行计算，常采用一些归一化指数，例如归一化植被指数（normalized difference vegetation index，NDVI）、NDWI 等。

具体步骤如下：

(1)将要参与计算的数据拖入图层中（图 6.17）。

(2)波段运算。①选择分页栏中的【常用功能】选项；②选择【波段运算】工具；③选择或输入波段运算公式，本实验选用了式(6.2)（图 6.18）；④点击【确定】，打开“波段运算”对话框，选择波段运算公式中参数的对应数据（图 6.19）；⑤输出图像，如图 6.20 所示。

6.4.4 图像重采样

图像重采样过程的本质是对采样后形成的由离散数据组成的数字图像按所需的像元位置或像元间距重新采样，以构成几何变换后的新图像，如从高分辨率遥感影像中提取出低分辨率影像，或者从低分辨率影像中提取高分辨率影像。

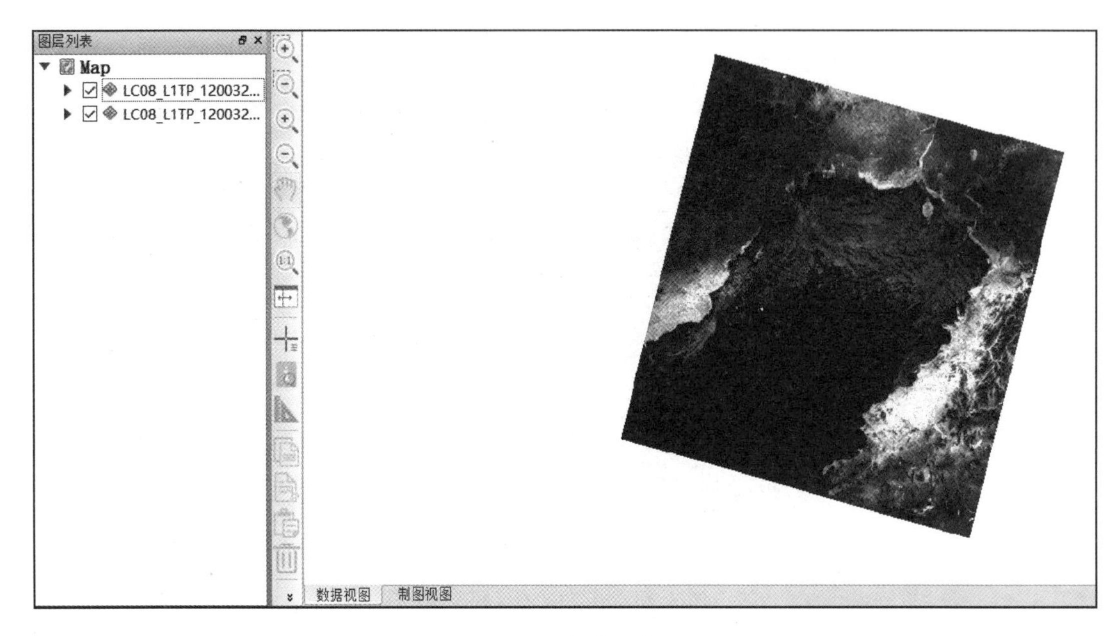

图 6.17 加载图像

图 6.18 波段运算公式的选择

波段运算

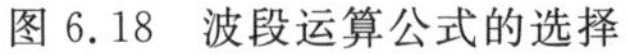

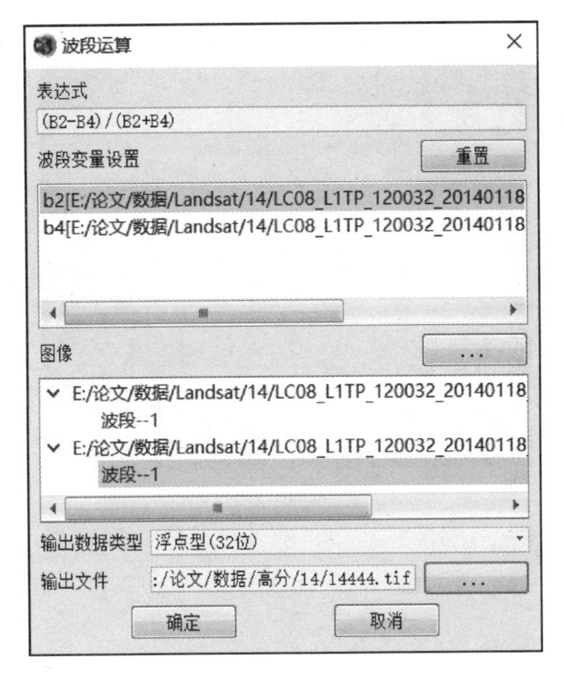

图 6.19　“波段运算”对话框

图 6.20　波段运算后图像

其具体步骤为：①选择分页栏中的【常用功能】选项；②选择【图像重采样】工具；③打开“图像重采样”对话框(图 6.21)，根据需求选择重采样输入文件、采样方法、分辨率等。④得到重采样提取图像，如图 6.22 所示。

图 6.21　“图像重采样”对话框

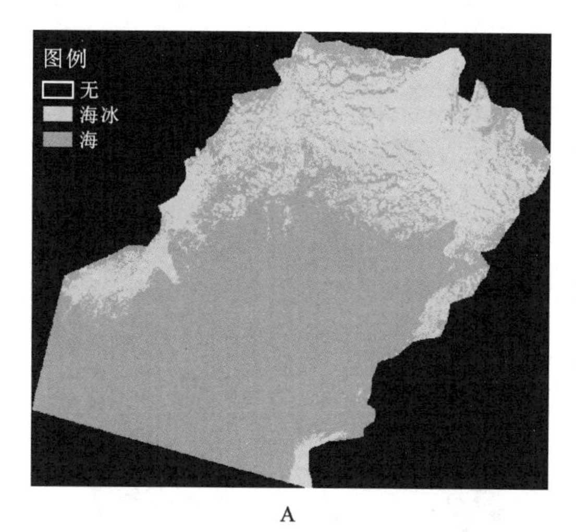

A

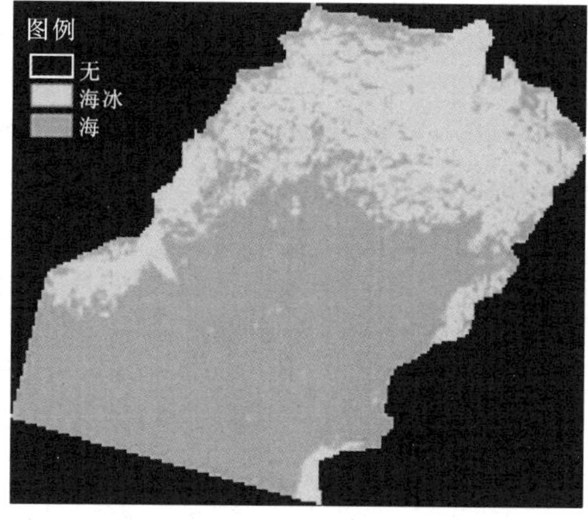

B

A. 原始图像；B. 重采样提取图像。

图 6.22　重采样前后图像对比

6.4.5　最大似然分类

最大似然分类法是较常用的一种分类方法。它在分类的时候不仅考虑了待分类样本到已知类别中心的距离，还考虑了已知类别的分布特征，所以其分类精度比较高。其具体步骤如下：

(1)对照样本区数据，输出与样本区最相似的分类数据。

A. 将需要进行分类的数据拖入图层中(图 6.23)。

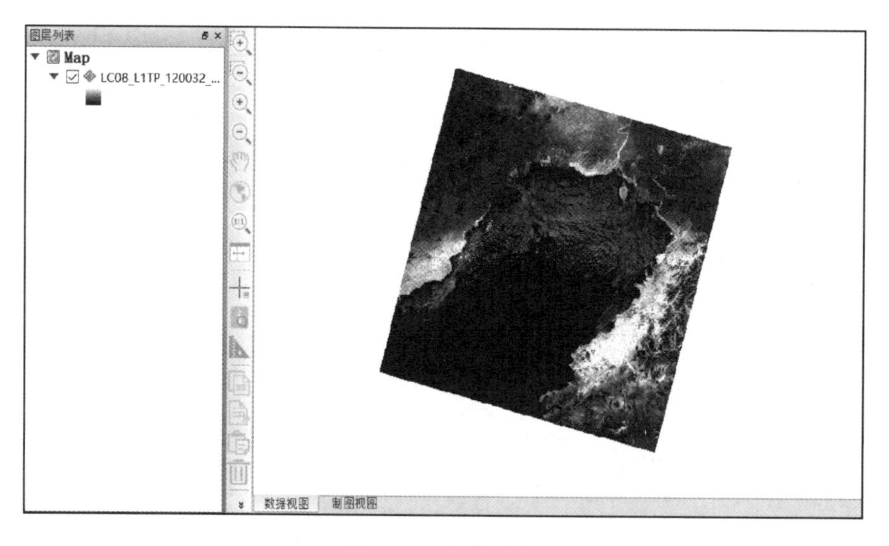

图 6.23　加载图像

最大似然分类

B. 建立样本区。①选择分页栏中的【图像分类】选项；②选择【ROI 工具】工具；③打开“ROI 工具”对话框，根据分类内容选择添加样本区类型和选择样本区(图 6.24)。

A

B

A. “ROI 工具”对话框；B. 样本区。

图 6.24　选择样本区

(2)最大似然法分类。①选择分页栏中的【图像分类】选项；②选择【最大似然分类】工具；③打开“最大似然分类”对话框，选择文件、ROI 样本区及输出地址(图 6.25)；④最大似然分类结果图像如图 6.26 所示。

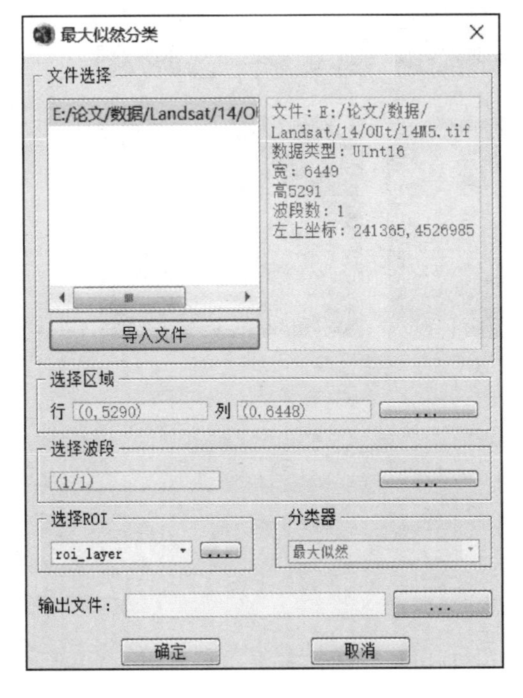

图 6.25　“最大似然分类”对话框

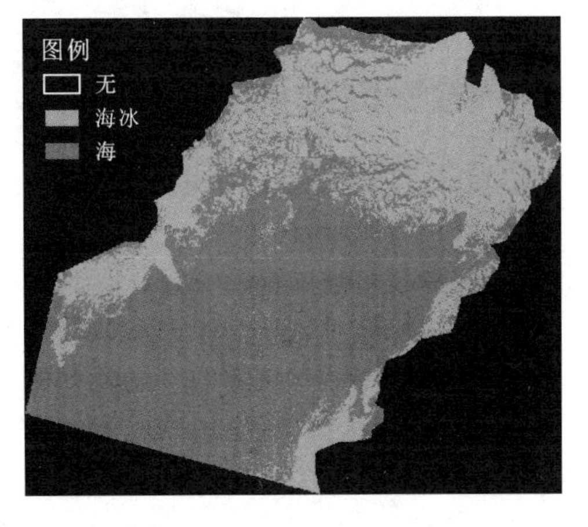

图 6.26　最大似然分类结果图像

6.5 结果与验证

6.5.1 海冰提取结果与精度评价

根据精度评价方法，利用海冰范围产品数据对以上两种数据进行精度评价参数计算（图 6.27和表 6.3）。

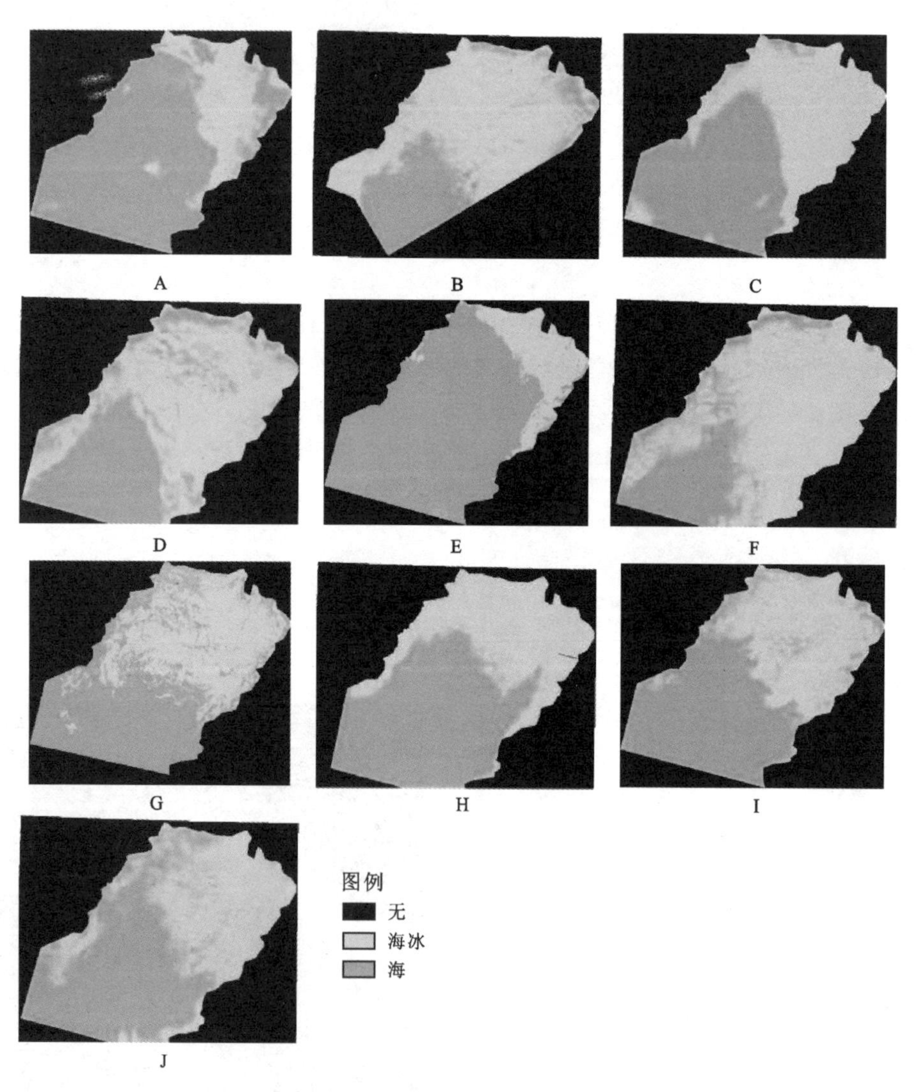

A. Landsat 8，2015 年；B. 高分一号，2014 年；C. Landsat 8，2017 年；D. 高分一号，2016 年；E. Landsat 8，2019 年；F. 高分一号，2018 年；G. Landsat 8，2021 年；H. 高分一号，2020 年；I. Landsat 8，2023 年；J. 高分一号，2022 年。

图 6.27　提取结果（部分）展示图

表 6.3 最大似然法提取精度表

年份	卫星	精度评价参数	年份	卫星	精度评价参数
2014	Landsat 8	0.757 7	2014	高分一号	0.844 1
2015	Landsat 8	0.782 4	2015	高分一号	0.780 0
2016	Landsat 8	0.865 2	2016	高分一号	0.752 6
2017	Landsat 8	0.771 4	2017	高分一号	0.794 6
2018	Landsat 8	0.751 2	2018	高分一号	0.813 7
2019	Landsat 8	0.812 4	2019	高分一号	0.839 2
2020	Landsat 8	0.831 2	2020	高分一号	0.765 6
2021	Landsat 7	0.800 7	2021	高分一号	0.779 8
2022	Landsat 9	0.779 2	2022	高分一号	0.792 1
2023	Landsat 9	0.856 4	2023	高分六号	0.862 4

6.5.2 海冰面积计算

海冰面积计算直接使用 PIE - Basic 的分类统计功能，系统会根据像素单元值判定属于海冰的区域，并使用像素数直接计算海冰面积。两种卫星数据得到的海冰面积如表 6.4 所示。

表 6.4 最大似然法海冰面积计算统计表

年份	卫星	海冰面积/km^2	年份	卫星	海冰面积/km^2
2014	Landsat 8	5 550.44	2014	高分一号	10 818.69
2015	Landsat 8	3 902.08	2015	高分一号	6 726.85
2016	Landsat 8	12 714.47	2016	高分一号	11 085.66
2017	Landsat 8	7 827.95	2017	高分一号	7 729.30
2018	Landsat 8	8 215.23	2018	高分一号	14 919.49
2019	Landsat 8	2 919.18	2019	高分一号	6 567.02
2020	Landsat 8	4 085.04	2020	高分一号	8 735.89
2021	Landsat 8	6 525.55	2021	高分一号	9 110.50
2022	Landsat 8	5 783.57	2022	高分一号	9 274.58
2023	Landsat 8	6 780.18	2023	高分六号	5 250.12

本实验使用两种卫星数据进行了海冰面积的提取研究，综合考虑每一种卫星数据利用本实验方法均有一定的实用价值，所以在分析面积年际变化时，将使用同一年份通过两种卫星数据得到的海冰面积的平均值作为当年的综合海冰面积参考值，并制作综合数据图表（图 6.28）。

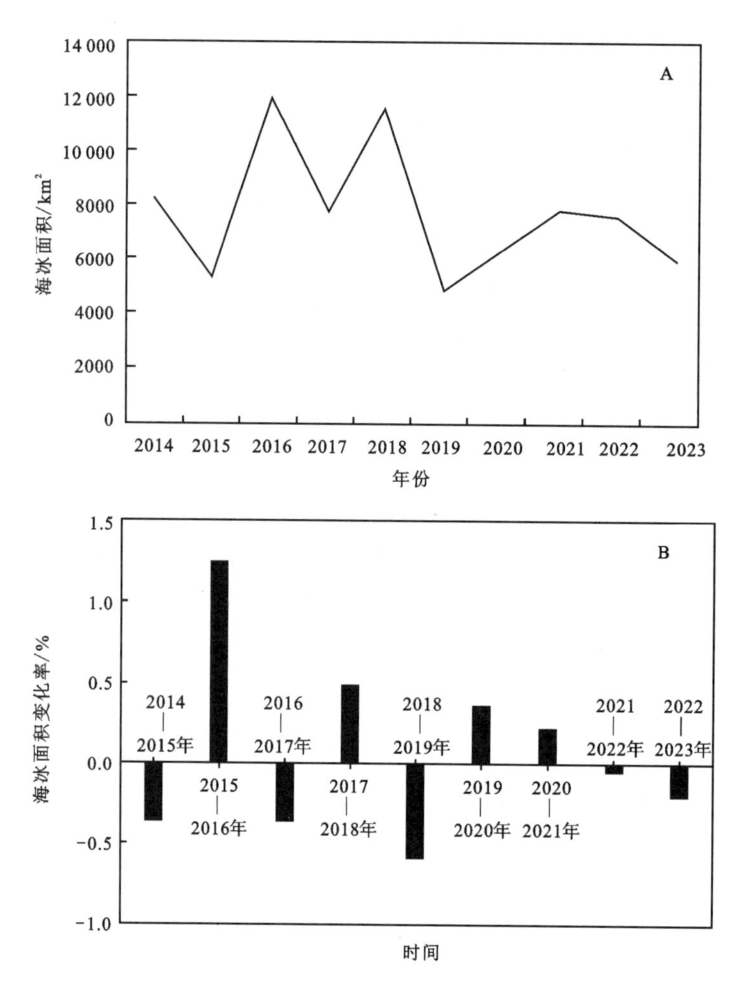

A. 综合海冰面积参考值；B. 综合海冰面积变化率。

图 6.28　2014—2023 年辽东湾地区的海冰面积及变化分析

年际变化是指在不同年份之间出现的变化和波动，描述了同一指标或现象在不同年份上的变化幅度和趋势。海冰面积的年际变化是指每年海冰的覆盖范围在时间上的波动和变化。由表 6.4 和图 6.28 可知：海冰面积极大值分别出现在 2016 年与 2018 年，Landsat 8 海冰面积提取数据在 2016 年达最大值（12 714.47km²），高分一号海冰面积提取数据在 2018 年达最大值（14 919.49km²），综合海冰面积参考值在图 6.28A 中也表现为在 2016 年与 2018 年偏大；海冰面积极小值分别出现在 2019 年与 2023 年，Landsat 8 海冰面积提取数据在 2019 年达最小值（2 919.18km²），高分大号海冰面积提取数据在 2023 年达最小值（5 250.12km²），综合海冰面积参考值在图 6.28A 中也表现为在 2019 年与 2023 年偏小，虽然在 2015 年的两种卫星数据中均非极小值，但在表 6.4 中也是作为较小值存在，并最终在图 6.28A 中也表现为 2015 年偏小。

虽然极大值和极小值出现的年份不相同，但从综合海冰参考值的面积数据可以得知：不管是哪一种数据，在 2016 与 2018 年这两年的海冰面积都偏大，在 2015 年、2019 年、2023 年这 3 年的海冰面积都偏小。

由于同一年内两种数据的拍摄卫星和时间不同，两种卫星最终面积提取数据相差较大。然而，从变化率的角度来看：Landsat 数据在 2014—2015 年度的变化率为－0.297 0，在 2015—2016 年度的变化率为 2.258 4，在 2016—2017 年度的变化率为－0.384 3，在 2017—2018 年度的变化率为 0.049 5，在 2018—2019 年度的变化率为－0.644 7，而高分数据在 2014—2015 年度的变化率为－0.378 2，在 2015—2016 年度的变化率为 0.648 0，在 2016—2017 年度的变化率为－0.302 8，在 2017—2018 年度的变化率为 0.930 3，在 2018—2019 年度的变化率为－0.559 8；两种数据在前 5 个年度中，面积变化规律均为上下波动，同时在图 6.28B中表现也为减增减增减，即两种数据的变化趋势较为同步，而在后 4 个年度中，虽然两者的变化趋势有不同之处，但从变化率绝对值的大小可以看出，后 4 个年度当中辽东湾地区的海冰面积年际变化较为稳定。

综上，海冰面积在 2016 年与 2018 年偏大，在 2015 年、2019 年与 2023 年偏小；海冰面积的年际变化趋势于 2014—2019 年间较不稳定，但变化幅度较为稳定。

7 沿海养殖区识别提取

7.1 背景与意义

海水养殖业，又称蓝色农业，是继陆地生产之后的又一种生产模式，是海洋开发的重要组成部分。水产养殖面积迅速扩大，产量增加，滩涂、港湾、近海、水库、河沟、池塘及湖泊养殖全面开花。中国海水养殖面积从1990年的42.8万hm^2增长到2021年的202.6万hm^2。

作为世界上最大的水产养殖产品生产国，中国生产的鱼类养殖产品占全球60%以上。中国沿海地区的水产养殖业于20世纪八九十年代开始蓬勃发展。随着人口增长和经济提升，沿海养殖业逐渐成为中国重要的经济产业之一。随着养殖规模的不断扩大，近海过度养殖、养殖环境恶化、病害增加、养殖成本增大已经成为目前制约中国沿海养殖业进一步发展的主要问题，沿海养殖业亟待加强监测与管理。传统的监测手段已不能满足现实的需要，而且传统的养殖决策仅仅依靠个人的经验，存在着很大的局限性和风险性，这样就需要寻求新的监测手段和监测方法。

沿海水产养殖区域的变化在很大程度上依赖于自然环境和人类活动各种因素。科学管理沿海水产养殖可以缓解其对海洋环境的不利影响，同时掌握沿海水产养殖区域的时空变化信息是研究沿海湿地环境保护和合理利用的重要基础。因此，对沿海养殖区的变化开展监测和研究并评估沿海水产养殖时空动态，对保护海洋环境、促进可持续发展具有重要意义。

为了高效地对沿海养殖区域进行更为准确，部分研究工作者利用卫星遥感图像处理帮助监测和评估沿海养殖区域的变化情况，对实践生活给予指导。因此，众多研究者开展对沿海养殖区的监测。

对养殖区的研究调研以海王九岛为例。海王九岛位于辽东半岛东部海域(E123°02′13″—E123°06′23″，N39°25′32″—N39°30′49″)，海域面积约为600km^2，由大王家岛、小王家岛、元宝岛、寿龙岛等组成。海王九岛海域饵料资源充足，各种贝类和经济鱼类资源十分丰富。胡姣婵等(2022)通过实地勘查，了解到研究区域以浮筏、网箱、参圈3种养殖模式为主，养殖种类有刺参、扇贝和牡蛎等。3种养殖模式的遥感影像如表7.1所示。

表 7.1 研究区养殖类型说明

养殖类型	现场图	影像图	说明
浮筏养殖			浮筏由浮力球、绳索搭建而成，在遥感影像图中呈规则的黑色条带带状分布。养殖内容以海湾扇贝、牡蛎等贝类为主
网箱养殖			网箱由塑料、木料等材料组成，在遥感影像图中呈现规则的亮白色分布。养殖内容为各种经济鱼类
参圈养殖		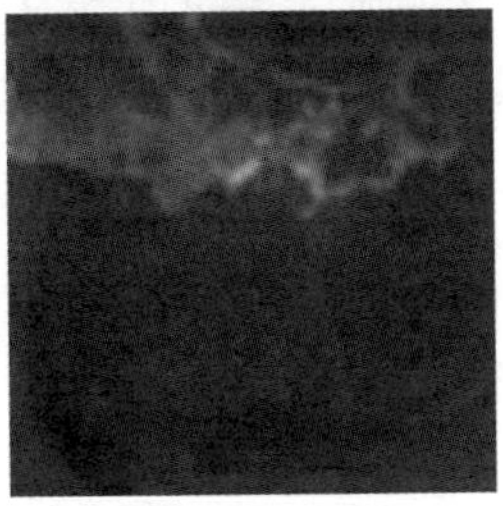	参圈为人工在海边用石头围砌而成的养殖区域或人工挖掘的池塘，在影像图中呈暗色。养殖内容一般为虾或者刺参

针对养殖模式也可开展沿海养殖区域的提取。马艳娟等(2011)以山东省烟台市的邻近海域作为研究区，根据研究区先进星载热发射和反射辐射仪(advanced spaceborne thermal emission and reflection radiometer，ASTER)遥感影像的光谱特征，首先构建一个用于提取近海水产养殖区域的水体指数，再构建一个波段运算函数，从整个海域中分离出与水产养殖区光谱接近的深海水域，最后将两次运算的结果相结合，得到消除了深海水域影响的近海水产养殖区域。周小成等(2006)以九龙江河口地区为研究示范区，采用具有高光谱分辨率和较高空间分辨率(15m)的ASTER遥感影像进行近海水产养殖信息的自动提取方法研究，利用监督分类方法提取混淆有其他水体的水产养殖信息，采用邻域分析来增强水产养殖地的空间纹理信息，综合监督分类和水产养殖地空间纹理增强的结果，在专家决策分类器中建立决策规则，进行水产养殖地的自动提取。

上述这些研究都为养殖池塘管理和可持续发展提供了重要的科学依据，为沿海养殖业的规划和决策提供了有益的参考。

总的来说，遥感技术在不同尺度对水产养殖区域进行空间评估方面已经成为一种有效的工具，且在先前的研究中，成功利用遥感数据在全球范围内绘制了水产养殖地图并评估了其范围。数据来源从中等空间分辨率的图像到多光谱数据再到高光谱数据，从光学数据到微波数据，尽管各不相同，但多是基于算法以往的研究开展的监测水域或养殖水域的提取，而缺少一款功能完备的软件更加便捷地对影像数据进行处理。

针对国内缺少功能完备的遥感云计算平台这个问题，航天宏图信息技术股份有限公司基于容器云技术、高度自动化、简单易用等方面构建了具有完全自主知识产权的遥感与地理信息一体化软件 PIE。该软件集多源遥感影像处理和智能信息提取于一体，面向国内外主流的遥感影像数据提供遥感图像处理、辅助解译、信息提取及专题制图功能，初步满足了对地观测数据获取能力飞速增长后带来的信息高效化处理和服务需求。

PIE 自研发以来就被广泛地应用在矿物资源上。为保护油气勘探开发区的矿业权利益，PIE 可以收集矿区的高分辨率遥感影像、环境资源数据，建立油气矿山地物遥感识别数据库，使用遥感影像计算或反演出区域内环境信息、矿业权合规性等，为油气矿区提供监测服务。任永强等(2021)在构建的一个辅助分析系统中，结合 PIE - SDK 进行设计，构建了 11 项国土资源环境承载力单项评价模型以及两项国土空间开发适宜性评价模型，为优化国土空间格局、划定“三区三线”等工作提供参考。随着航天宏图信息技术股份有限公司对 PIE 的继续开发，PIE 可以应用到更多的场景中，处理更多类型的数据。

PIE 基于互联网规模化运行的对地观测遥感数据处理与服务引擎，具有强大的数据存储和高性能分析计算能力，提供了丰富的算法和生产线模板，支持光学、高光谱、SAR 等影像数据标准产品自动化、批量化生产，生态参量产品反演、分类产品、地表要素的智能提取与信息挖掘。

目前，PIE 在养殖区提取方面的应用还十分匮乏。本章基于国产 PIE，以沿海养殖区为研究区，构建海水、礁石、养殖区等地物覆盖分类体系，对比分析 PIE 云平台不同分类算法的地物信息提取精度，并利用精度较高的算法进行研究区地表覆盖信息提取，进而开展研究区地表覆盖变化监测研究。通过研究，以期为基于国产时空遥感云计算平台对沿海养殖区进行提取提供借鉴与参考。

7.2 原理与思路

7.2.1 技术路线

本章的技术路线如图 7.1 所示。其中遥感数据的处理包括了资料收集与数据准备、遥感数据预处理以及沿海养殖遥感信息提取算法研究。

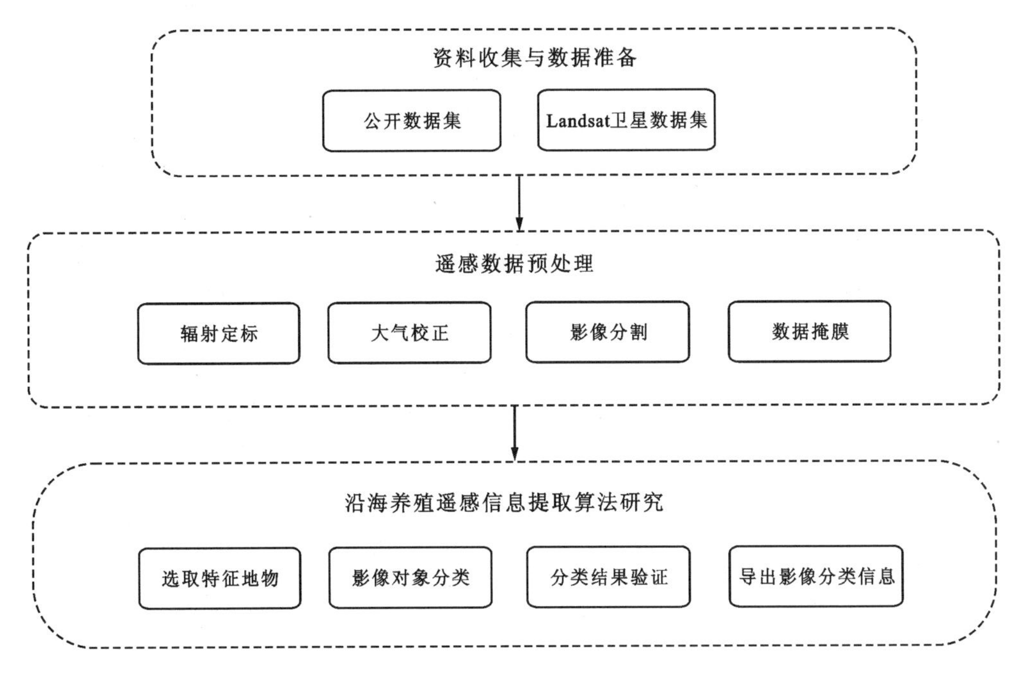

图 7.1　养殖区信息提取技术路线图

7.2.2　资料收集与数据准备

遥感影像查询模块根据所选数据源输入相应年份以及云量最大百分比，对卫星遥感数据进行筛选、掩膜和裁剪处理，得到需要的遥感影像数据（图 7.2）。

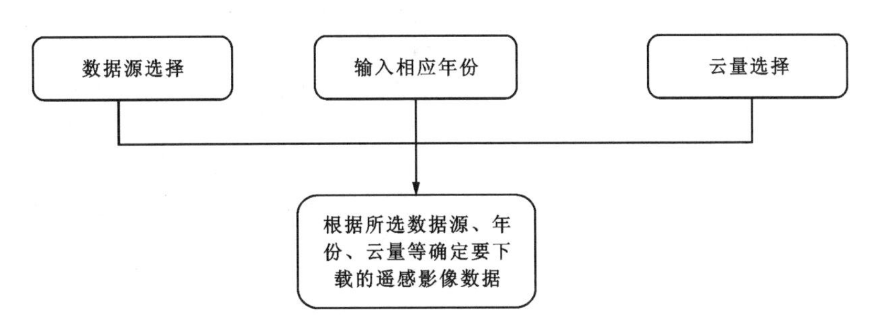

图 7.2　遥感影像查询流程图

7.2.3　遥感数据预处理

遥感数据预处理包括辐射定标、大气校正和影像分割等。本章所选用的数据为 L1 级别数据，已经经过几何校正步骤，尚未进行传感器的辐射定标。海洋功能区划数据的处理包括定义投影、地理配准和矢量化等。

1. 辐射定标

辐射定标是将记录的原始数字量化值（digital number，DN 值）转换为大气外层表面反射率值（或称辐射亮度值），也是为了校正探测元器件的不均匀性，消除探测元器件响应的不一致性，对原始亮度值进行归一化处理，使得入辐射量一致的像元值对应输出的像元值也一致。辐射定标得到的结果是将无量纲的 DN 值转换为辐射亮度值或反射率值。

当需要计算地物的光谱反射率或光谱辐射亮度时，或者需要对不同时间、不同传感器获取的图像进行比较时，用户都必须先将图像的亮度灰度值转换为绝对的辐射亮度值，这个过程就是辐射定标。目的是消除传感器本身的误差，确定传感器入口处的准确辐射值。

利用式(7.1)可将卫星各载荷的 DN 值转换为卫星载荷入瞳处等效表观辐亮度数据 L_λ。

$$L_\lambda = \alpha_{\text{gain}} \cdot \beta_{\text{DN}} + \varepsilon_{\text{offset}} \tag{7.1}$$

式中：L_λ 为单位辐射亮度；α_{Gain} 为定标斜率，通过卫星数据的元文件获取；β_{DN} 为卫星载荷观测值，通过卫星数据的元文件获取；$\varepsilon_{\text{offset}}$ 为定标截距，通过卫星数据的元文件获取。

利用表观辐亮度和式(7.2)可以计算表观反射率(ρ)。

$$\rho = \frac{\pi \cdot L_\lambda \cdot d^2}{\varphi_{\text{ESUN}}^{\lambda} \cdot \cos\theta} \tag{7.2}$$

式中：L_λ 为单位辐射亮度；$\varphi_{\text{ESUN}}^{\lambda}$ 为太阳光谱辐射量；d 为日地距离参数；θ 为太阳天顶角。

2. 大气校正

当电磁波在大气中传输时，大气散射作用以及臭氧、水汽等的吸收作用均会影响传感器接收到的信号，导致传感器接收到的信息不能真实反映地表特征。

大气校正的目的是消除大气对太阳辐射、目标辐射产生的吸收作用和散射作用的影响，从而获得目标反射率、辐射率、地表温度等真实物理模型参数。在大多数情况下，大气校正同时也是反演地物真实反射率的过程，是水深反演极其重要的一步，其结果精度直接关系到水深反演的结果。

PIE 的大气校正模块基于 6S 大气辐射传输模型。6S 模型假定在无云大气的情况下，考虑了水汽、CO_2、O_3 和 O_2 的吸收，大气散射以及非均一地面和双向反射率的问题。光谱积分的步长为 2.5nm，可以模拟机载观测、设置目标高程、解释 BRDF 作用和临近效应，增加了两种吸收气体（CO、N_2O）的计算。采用逐次散射（successive order of scattering，SOS）方法计算散射作用以提高精度。

3. 影像分割

相较于中低分辨率影像，高分遥感影像包含丰富且精细的地物信息，但同时也会导致地物的结构比较复杂，干扰信息较难处理，传统地物分类和信息提取方法不再适用。PIE－SIAS 尺度集影像分析软件是 PIE 软件家族的新成员，主要包含尺度集分割、人工样本选择、自动样本选择、面向对象分类、变化检测、分类处理、半自动交互式信息提取、专题制图等功能，能够满足用户从大幅高分影像中快速进行信息提取与变化检测的应用需求。

PIE - SIAS 采用核心自主的尺度分割算法，可实现多尺度的快速切换和分割结果的实时查询与可视化，提供遥感影像的高效分割和面向对象的地表覆盖精确分类的全流程处理服务。操作流程主要包含：①首先对输入的遥感影像进行分割处理，获得不同细节层次的影像分割结果；②调节尺度参数，基于不同尺度分割结果进行样本选择，尽量保证样本均匀分布于整景影像，且涵盖不同的分割尺度，建立融合多尺度的样本集；③针对选择样本，基于影像分割对象的光谱、纹理、形状和指数要素，使用自动分类技术，按需输出分类结果。软件技术流程如图 7.3 所示。

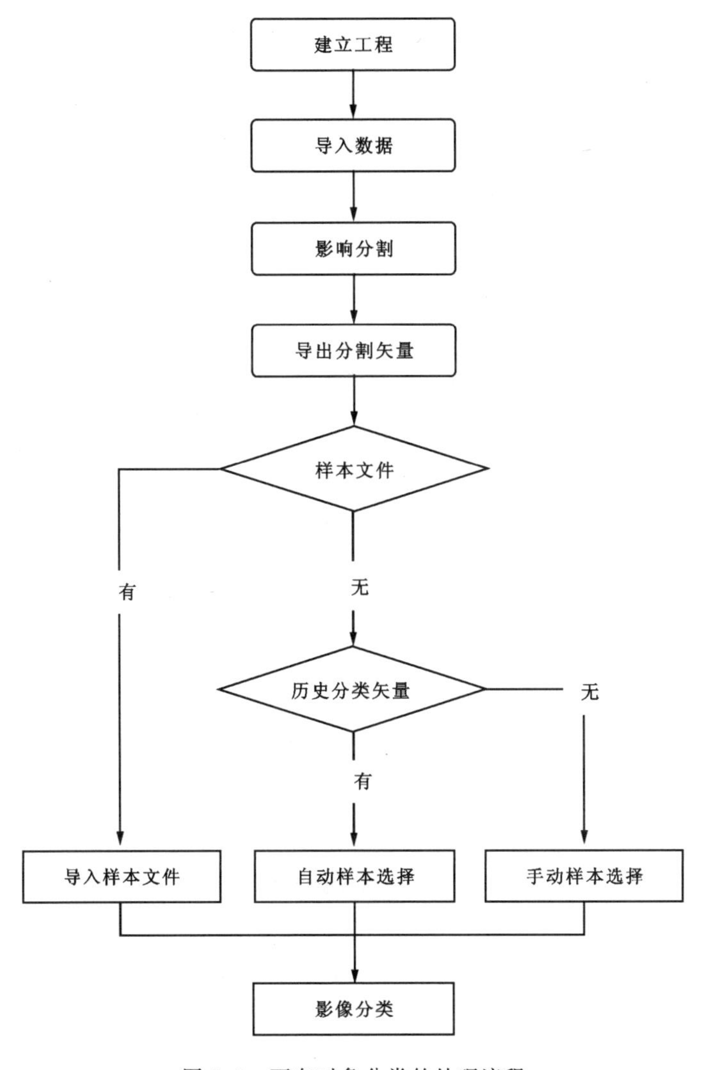

图 7.3　面向对象分类的处理流程

4. 数据掩膜

数据掩膜是用选定的图像、图形或物体对处理的图像（全部或局部）进行遮挡来控制图像处理的区域或处理过程。掩膜是一种图像滤镜的模板，常用于处理遥感图像，通俗地讲就是一个遮挡板。

7.2.4 面向对象的分类方法

基于像素的遥感影像处理方法以遥感影像光谱信息极其丰富、地物间光谱差异较为明显为前提。对于只含有较小波段的高分辨率遥感图像，传统的分类方法会造成分类精度降低，并且其分类结果往往是椒盐噪声图像，不利于进行空间分析。对于影像分类来说，基于像元的信息提取是根据地表的一个像元范围内辐射平均值对每一个像元进行分类，这种分类原理使得高分辨率数据中的单一像元没有很大的价值。影像中地物类别特征不仅用光谱信息来刻画，很多情况下也通过纹理特征来表示。为了使用多源数据提取养殖池塘的特征，面向对象分类是一种很好的提取方法。与传统分类图像方法相比，该方法中的处理单元并非单个像素，而是按照图像对象进行的。对象指的是图像分割后生成的多边形对象。它具有明显的空间性，且属性信息不同于背景空间单元。

面向对象分类方法分为基于规则的面向对象分类和基于样本的面向对象分类。基于规则的面向对象分类依赖于预定义的规则和专家知识，通过逻辑判断将对象分配到相应的类别；而基于样本的面向对象分类利用训练样本和机器学习方法来进行分类，涉及特征提取、特征选择和分类器训练等步骤。

本章采用基于规则的面向对象分类。基于规则的面向对象分类技术集合邻近像元为对象，用来识别感兴趣区的光谱要素，充分利用高分辨率的全色和多光谱数据的空间、纹理和光谱信息来分割和分类的特点，以高精度的分类结果或者矢量输出。它主要分成两个部分：影像对象构建和影像对象分类。

（1）在构建影像对象前要正确地进行影像的分割和合并，并根据基于一种边缘分割算法邻近像素亮度、纹理、颜色等对影像进行分割。这种分割算法计算较快，并且只需要输入一个参数，就能产生多尺度的分割结果。通过不同尺度上边界的差异控制，从而产生由细到粗的多尺度分割。分割阈值时应结合影像选择理想的阈值，尽可能好地分割出边缘特征，并结合合并阈值，调整被错分的特征，合并相似性较高的邻近小斑块，从而使养殖区域被较完整地分割提取出来。

（2）在影像对象分类的阶段，要根据规则进行特征提取，采用光谱信息、空间信息和纹理信息 3 种规则加以限制，每条规则权重各占 1/3。

A. 在空间信息规则方面，本章选择面积信息的统计和矩形度的阈值范围设置对研究区的空间特征加以限制。①在面积信息的统计中，阈值分割合并研究区域时，部分相似性较高的养殖池塘被集合成单独的斑块。在这些斑块中，最大的可以达到近 3km^2，而最小值取上述提及的长江以北集约型池塘理论最小面积，即 0.1km^2。②在矩形度的阈值范围设置中，盘锦—营口研究区域的水产养殖池塘以矩形为主，部分是长条形，因集约型池塘汇聚在一起形成形状不规则的大块区域，所以矩形度的限制阈值不做过高的筛选要求，在 0～1 的数值区间内满足 0.6 以上即可。

B. 在纹理信息的过滤上，因为水体反射的辐射亮度一定与养殖池塘周围的地物（草地、裸地、建筑）有所不同，在不同土地利用类型间辐射亮度的变化值比较大，即方差数值较大，所以先统计出数据集的方差信息，结合遥感数据，亮度值较高处对应水产养殖区域，也证明了以方差数据作为纹理信息可以作为面向对象分类中筛选水产养殖池塘的规则之一。

7.2.5 精度验证

精度评价是对两幅图像进行比较，其中一幅是要进行评价的遥感分类图像，另一幅是假设精确的参考图。显然，参考图本身的准确性很重要，如果一幅参考图本身有误差，那么基于参考图的精度评价也不会准确。

分类后处理是对分类的结果做进一步的精细纠正，并进行分类结果的纠正，针对大面积分类结果不准确情况，可以手动调整样本，进行再次分类。

分类后处理方式的操作步骤：点击【样本选择】按钮，右侧弹出“样本”对话框。查看分类结果，针对分类不准确的地方，手动选择一些图斑作为样本。在“样本”对话框中，选中要添加样本的类别，比如“农作物”。显示样本图层（sample）和分割矢量图层（vector），双击图斑，即可选中该图斑作为样本。

7.3 数　据

本研究中的 Landsat 8 OLI 影像数据集由地理空间数据云平台提供，数据集级别为 L1。在冬季和春季，池塘排水变成稻田或裸地等其他土地利用类型，因此，在这段时间内池塘很容易被误认。为避免排水对提取效果的影响，选择 2014 年、2017 年和 2021 年的 7—9 月影像数据（条代号为 120，行编号为 32）。该时间段内植被生长更加旺盛，因此池塘区域和背景物体之间的对比度更高，有利于提取池塘。此外，还要选择云覆盖率最低的图像，最后筛选出 3 组数据集。

本章使用 Landsat 8 OLI 卫星数据。Landsat 8 是美国陆地卫星计划的第 8 颗卫星，其上携带 OLI 和热红外传感器（thermal infrared sensor，TIRS），轨道周期 99min，重访周期为 16d。OLI 包括了 ETM+传感器（装置于 Landsat 7 卫星）中所有的波段，且为了避免大气对部分电磁波段的吸收新增了两个波段，即海岸波段和卷云波段，共 9 个波段，其中全色波段的空间分辨率为 15m，其余 8 个的空间分辨率为 30m，成像宽幅为 185km×185km。TIRS 包括两个单独的热红外波段，空间分辨率为 100m。波段参数设置如表 7.2所示。

表 7.2　Landsat 8 卫星影像波段参数设置

传感器	波段	波长范围/μm	空间分辨率/m	主要应用
OLI	Band 1 Coastal(海岸波段)	0.443～0.453	30	观测海岸带
	Band 2 Blue(蓝色波段)	0.450～0.515	30	穿透水体
	Band 3 Green(绿色波段)	0.525～0.600	30	分辨植被
	Band 4 Red(红色波段)	0.630～0.680	30	观测道路
	Band 5 NIR(近红外波段)	0.845～0.885	30	估算生物量
	Band 6 SWIR1(短红外波段 1)	1.560～1.660	30	分辨云雾
	Band 7 SWIR2(短红外波段 2)	2.100～2.300	30	分辨矿物
	Band 8 Pan(全色波段)	0.500～0.680	15	增强分辨率
	Band 9 Cirrus(卷云波段)	1.360～1.390	30	云检测
TIRS	Band 10 TIRS1(热红外波段 1)	10.60～11.19	100	感应热辐射
	Band 11 TIRS2(热红外波段 2)	11.50～12.51	100	感应热辐射

7.4　研究区域

本章选取盘锦市和营口市作为研究区域。两市位于辽宁省沿海地区，紧邻渤海湾，地理位置优越，拥有良好的水域资源。这里的海域具有水深适中、水质清澈和水流较为稳定的特点，且均属于温带季风气候，年降水量较为充沛。这种适宜的地理位置和气候条件提供了良好的养殖基础，因此，该地区是中国重要的水产品产区之一，具有充足的养殖发展潜力(表 7.3)。

两市的水产养殖业以海水养殖为主，其中蛤蜊、海参、扇贝、鲍鱼品种的产量较大，此外还有少量淡水养殖，如鲤鱼、鲫鱼、草鱼等。与此同时，两市还积极发展水产养殖出口业和渔业加工业，形成了一定的水产品出口和加工规模。

表 7.3　研究区海洋功能区划信息一览

功能区名称	所属地区	地理范围	功能区类型	面积/km^2
辽东湾农渔业区	锦州、盘锦	辽东湾顶部海域	农渔业区	1 424.9
笔架岭南矿产与能源区	锦州、盘锦	辽东湾顶部海域	矿产与能源区	70.4
月东矿产与能源区	盘锦	辽东湾顶部海域	矿产与能源区	14.4
双台子河口海洋保护区	盘锦	双台子河口海域	海洋保护区	307.5
海南-仙鹤矿产与能源区	盘锦	辽东湾顶部海域	矿产与能源区	25.9
双台子河口保留区	盘锦	双台子河口海域	保留区	124.0
辽滨工业与城镇用海区	盘锦	辽河口至二界沟近岸海域	工业与城镇用海区	93.0
盘锦港口航运区	盘锦	辽滨经济区西部海域	港口航运区	81.5
葵花矿产与能源区	盘锦	盘锦港外部海域	矿产与能源区	6.8
营口海域保留区	盘锦、营口	辽河口至鲅鱼圈海域	保留区	638.0
营口沿海工业与城镇用海区	营口	营口沿海产业基地近岸海域	工业与城镇用海区	139.7

7.5 操作步骤

7.5.1 加载数据

在处于激活状态的 Map 上单击鼠标右键，弹出右键快捷菜单，选择【加载栅格数据】、【加载矢量数据】、【加载科学数据集】或【加载环境星数据】，在弹出的对话框中选中对应的数据，点击【打开】按钮，即可打开数据。

7.5.2 辐射定标

下载的卫星数据一般为 TIF 文件和 TXT 文件的格式，在地理空间数据云平台上下载的卫星图像为全色图像。为了对图中的全色影像加载颜色，使用软件对其进行附加 RGB 颜色。

将 TXT 文件导入 PIE - Basic 软件中，软件界面会弹出一窗口，询问是否建立金字塔，点击“否”或关闭。

为了对卫星数据进行辐射定标，我们首先需要将影像数据导入软件，并将图像调整为真彩色图像。其具体操作步骤如下：

(1)导入数据。选择导入的影像数据，右键选择【属性】，弹出“图层属性”对话框(图 7.4)。

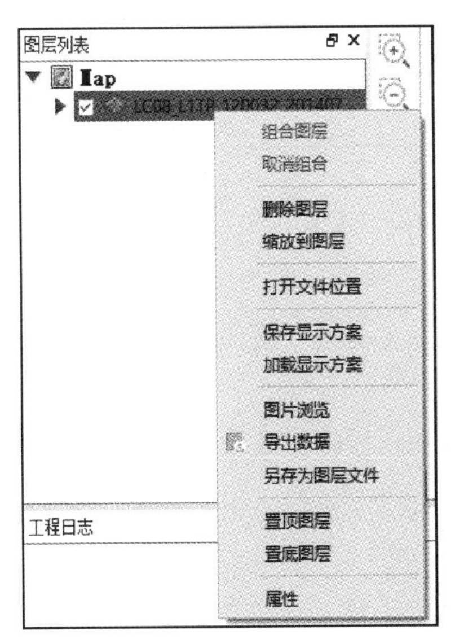

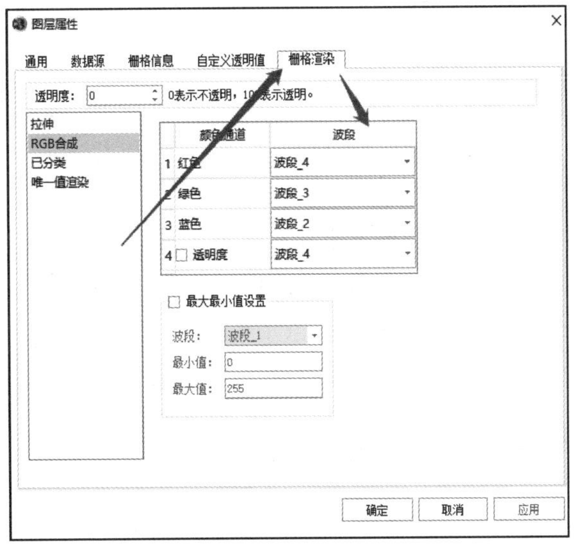

图 7.4 “图层属性”对话框

(2)波段选择。按照真彩色波段依次选择"波段_4""波段_3""波段_2"。

(3)导出数据。在选择 2%的拉伸方式后,右键点击数据,选择【导出数据】,得到的即为真彩色图像。

(4)辐射定标。点击【图像预处理】菜单栏下的【辐射定标】,打开"辐射定标"对话框(图 7.5)。

图 7.5 "辐射定标"对话框

辐射定标

A. 输入文件。输入上述处理过的真彩色图像文件。

B. 元数据文件。输入 MTL.txt 文件,在 Calibration Coefficients 窗口内会自动弹出,Radiance Gains 和 Radiance Offsets。

C. 输出文件。在文件栏窗口选择输出文件名,图像用于后续图像处理。

7.5.3 大气校正

大气校正是遥感技术中的第二步,在辐射定标的基础上进行的。大气校正的目的是消除大气对遥感图像的影响。大气对图像的影响主要表现为大气散射和吸收。大气散射会使地表反射的光线被散射到其他方向,从而降低遥感图像的对比度和清晰度。大气吸收会使地表的光线被吸收,从而降低遥感图像的亮度和色彩饱和度。

点击【导入数据】,将经过辐射定标的影像数据导入到软件中。点击【图像预处理】→【辐射校正】→【大气校正】,软件界面将会弹出“大气校正”对话框(图 7.6)。

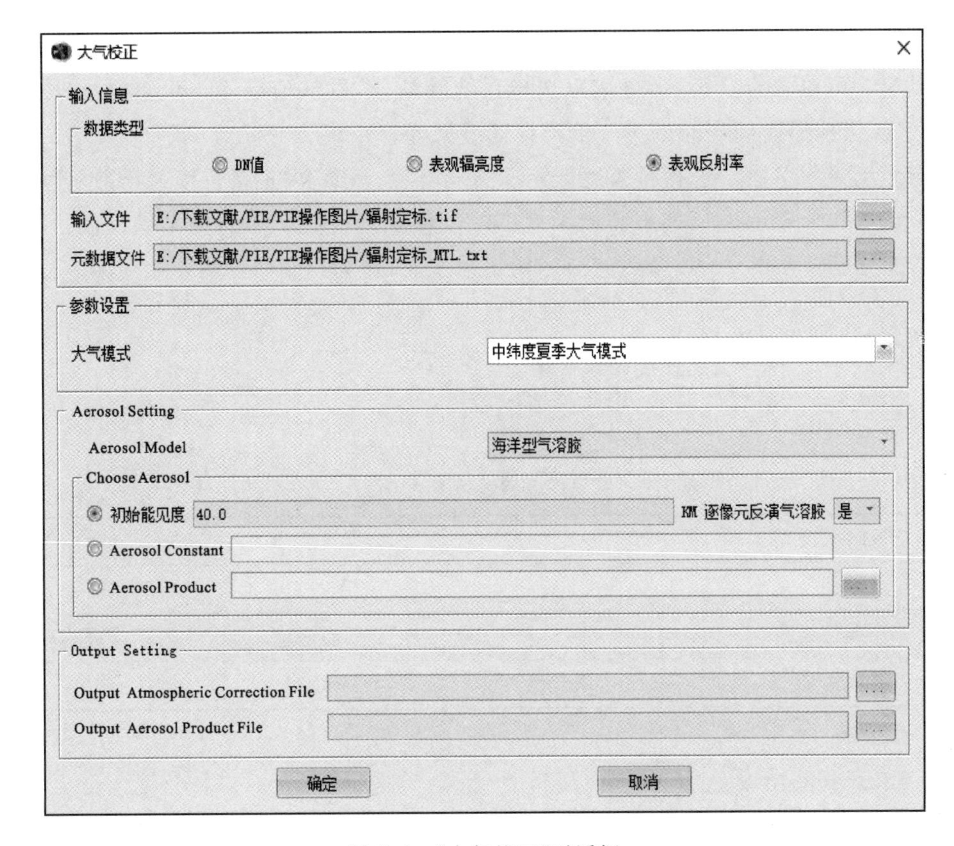

图 7.6 “大气校正”对话框

大气校正

(1)输入信息。

A. 数据类型。设置待处理影像的数据类型,要与输入的文件保持一致,支持 DN 值、表观辐亮度和表观反射率 3 种数据类型。DN 值是没有经过辐射定标的原始影像数据,表观辐亮度和表观反射率类型是辐射定标输出的结果文件。一般选择与辐射定标保持一致选择表观反射率。

B. 输入文件。输入待处理的影像数据。

C. 元数据文件。默认自动输入该影像对应的元数据文件(*.xml),也可以用户自定义,一般都是系统自己读取的。在【输入文件】中输入辐射定标之后的图像,自动生成元数据文件,或者在【输入文件】内输入经过辐射定标的图像后,手动添加 TXT 文件至【元数据文件】。

(2)参数设置。大气模式:选择大气模式,支持系统自动选择和手动选择两种方式。其中手动选择的模式有热带、中纬度夏季、中纬度冬季、副极地夏季、副极地冬季、美国 62 标准大气 6 种,根据影像的实际位置来选择。

(3)Aerosol Setting(气溶胶设置)。

A. Aerosol Model(气溶胶类型)。选择气溶胶类型,支持的气溶胶类型有大陆型、海洋型、城市型、沙尘型、煤烟型、平流层型,根据影像的地类情况进行选择。本次在气溶胶类型该栏中选择"海洋型气溶胶"后点击确定。

B. 初始能见度。可以自定义设置,也可以选择系统默认值,默认值是40,可参考表7.4进行设置,即根据影像拍摄时间当时的天气情况设置能见度。

C. KM逐像元反演气溶胶。选择是否逐像元反演气溶胶。PIE内置了反演气溶胶光学厚度的程序,选择"是",则表示进行气溶胶光学厚度的反演处理;选择"否",则不做反演,而是直接使用初始能见度转换的AOD值赋给影像的每个像元,作为每个像元的初始气溶胶光学厚度。

D. Aerosol Constant(气溶胶常量)。设置气溶胶常量。

E. Aerosol Product(气溶胶产品)。选择气溶胶产品。

表7.4 能见度设置参考表

天气状况	能见度/km
晴朗	40～100
中度污染	20～30
重度污染	⩽15

(4)Output Setting(输出设置)。

A. Output Atmospheric Correction File(输出大气校正影像文件)。设置生成的地表反射率影像的保存路径及文件名。

B. Output Aerosol Product File(输出气溶胶文件)。设置生成的气溶胶文件的保存路径及文件名。

7.5.4 影像分割

影像分割
加载数据

该操作是基于PIE-SIAS软件进行的。

为了对图像进行分割,首先需要对图像进行处理,准备一幅待分类的影像数据(图7.7)和该影像的历史分类成果数据(图7.8)。

1. 新建工程

在【系统】标签下,点击【新建工程】弹出"创建多尺度向导"之"工程信息"对话框,如图7.9所示。

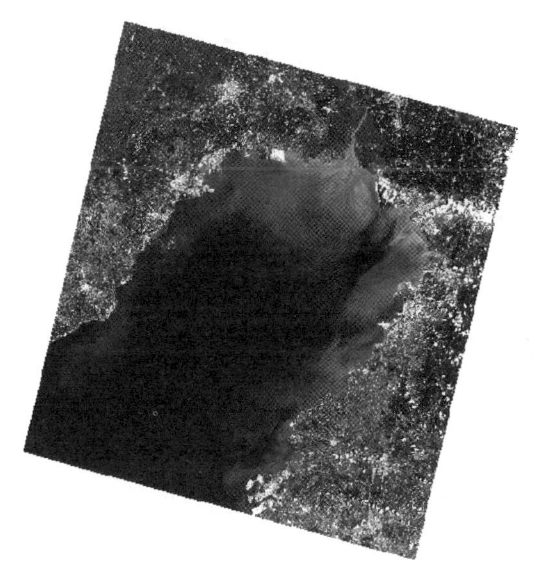

图 7.7 待分类影像数据

图 7.8 历史分类成果数据

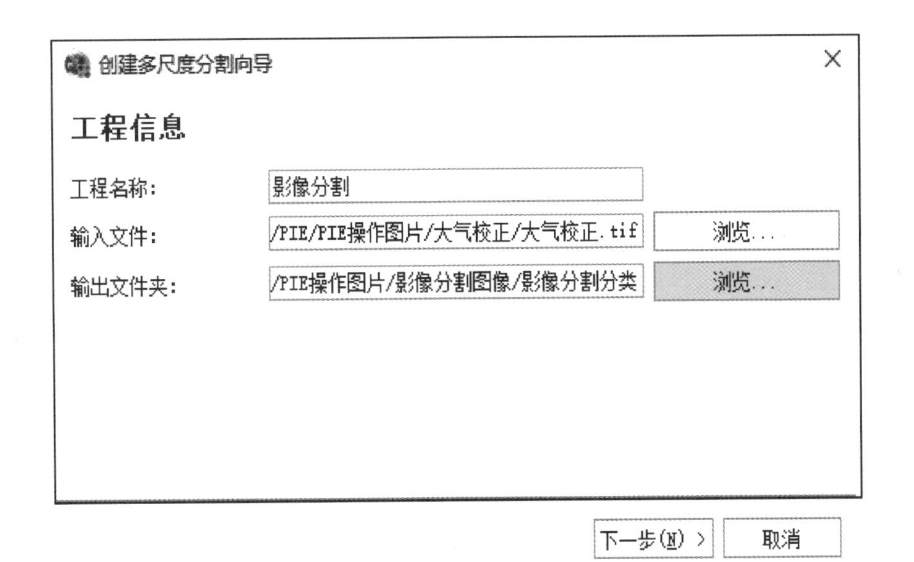

图 7.9 工程信息设置

定义工程名称、输入文件(导入待分类影像数据)、输出文件夹(设置工程路径文件夹),完成后点击【下一步】进行初始化参数设置(图 7.10)。

3 种分割算法均可以有效完成影像分割,可选择其中一种来进行分割。完成之后点击【下一步】,进行区域合并参数设置(图 7.11)。

创建多尺度分割向导
初始化参数
分割算法:
分形网络演化分割
分水岭算法
最优邻分割算法
分形网络演化分割
图像背景值:
< 上一步(B)
下一步(N) >
取消

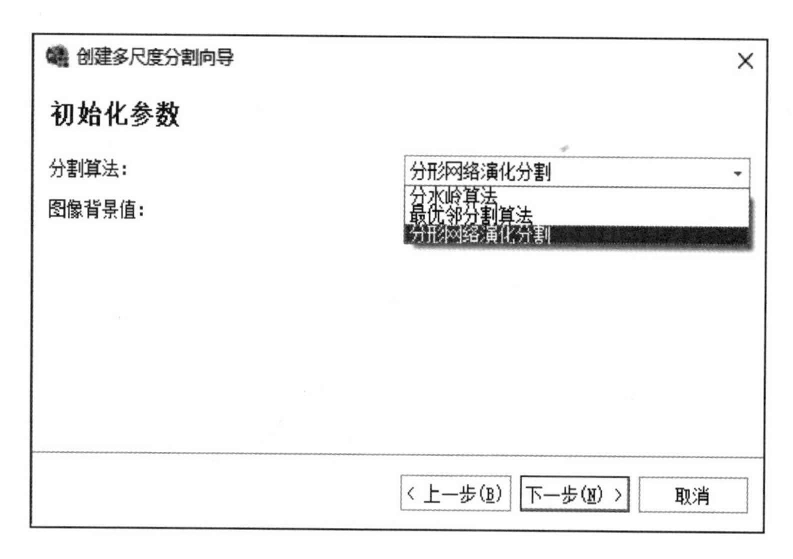

图 7.10　初始化参数设置

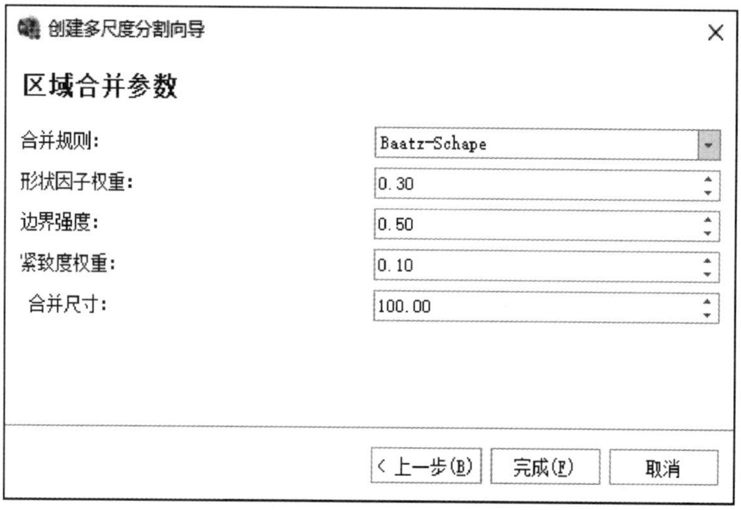

创建多尺度分割向导
区域合并参数
合并规则:
Baatz-Schape
形状因子权重:
0.30
边界强度:
0.50
紧致度权重:
0.10
合并尺寸:
100.00
< 上一步(B)
完成(F)
取消

图 7.11　区域合并参数设置

设置区域合并参数即设置形状、边界、紧致度、合并尺寸等参数，可以适当调整，也可选择默认。设置完成后点击【完成】即可完成工程创建(图 7.12)。

2. 影像分割

(1)点击【面向对象分类】→【影像分割】，弹出“尺度集分割”对话框，如图 7.13 所示。具体分割参数如下：

A. 分割算法。选择分割算法。

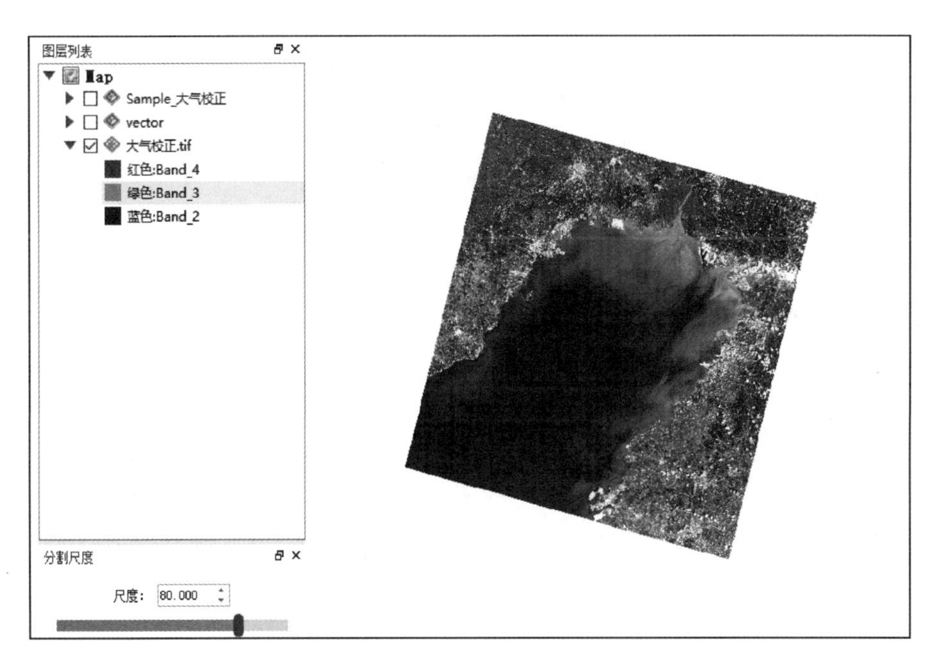

图 7.12 完成工程创建视图

尺度集分割

初始化参数

分割算法: 分形网络演化分割

图像背景值: -10000000000.000

☑ 是否覆盖已有文件

☐ 范围

范围裁剪 矢量裁剪 绘制裁剪

Y最大 4584915

X最小 242985

X最大 477915

Y最小 4346085

区域合并参数

合并规则: Baatz-Schape

形状因子权重: 0.74 边界强度: 0.50

紧致度权重: 0.10 合并尺寸: 100.00

确定 取消

图 7.13 “尺度集分割”对话框

影像分割

B. 图像背景值。背景值按照默认，图像无背景值，设置为 0。

C. 范围裁剪。设置裁剪结果数据的坐标范围。

D. 矢量裁剪。加载待裁切边界的矢量参考文件(面文件)。

E. 绘制裁剪。勾选几何图元框后，可用鼠标单击其下的多边形、矩形、圆形或者椭圆形按钮，在视图中选取裁剪范围；若想删除所画的图元，可点击【删除】按钮。

F. 合并规则。选择合并规则。

G. 形状因子权重。设置形状系数。

H. 边界强度。设置边界系数。

I. 紧致度权重。设置紧致度权重。

J. 合并尺寸。设置合并区域尺寸大小。

(2)待设置完成后，点击【确定】按钮，开始执行分割处理(图 7.14)。

(3)分割尺度调节。在主视图左下角有分割尺度调节的窗口，可左右移动滑动条来动态调整图像的分割尺度。向左移动滑块调小分割尺度，向右移动滑块调大分割尺度，可实时查看调节的结果(图 7.15)。

图 7.14　影像分割结果图

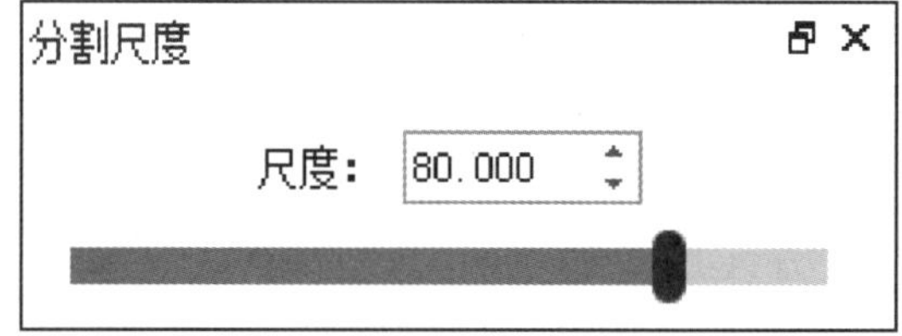

图 7.15　分割尺度滑动条

(4)导出分割矢量。软件采用的是多尺度分割技术，分割的结果是一个尺度集合，存放在内存中，可根据分类要求，导出一个合适尺度的分割矢量参与分类。点击【面向对象分类】→【导出分割矢量】，可将分割的结果导出保存。默认命名是 Segment_影像名称.shp(图 7.16)。

(5)样本选择。点击【面向对象分类】→【样本选择】，在软件界面右侧弹出样本窗口，如图 7.17 所示。

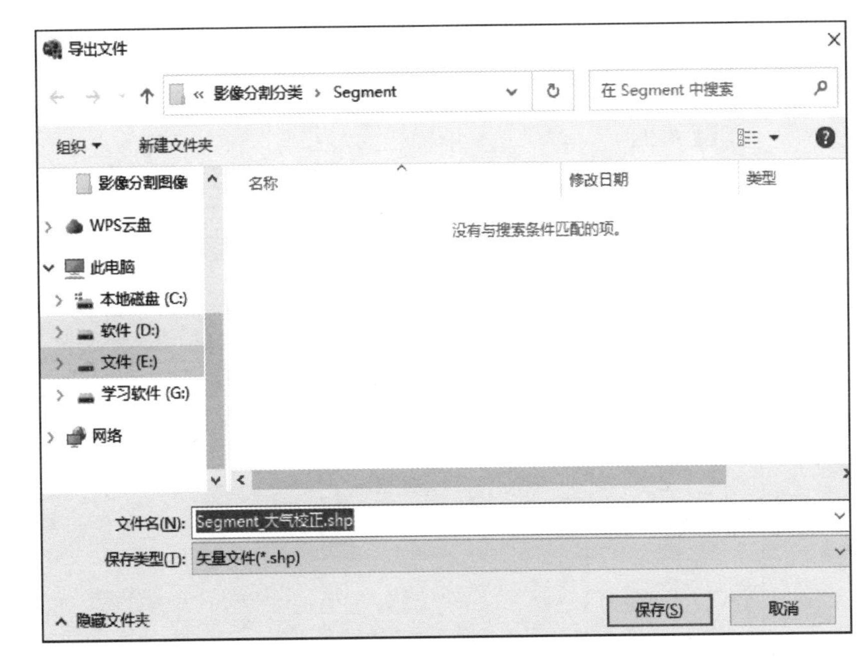

图 7.16　导出分割矢量文件

样本选择分类

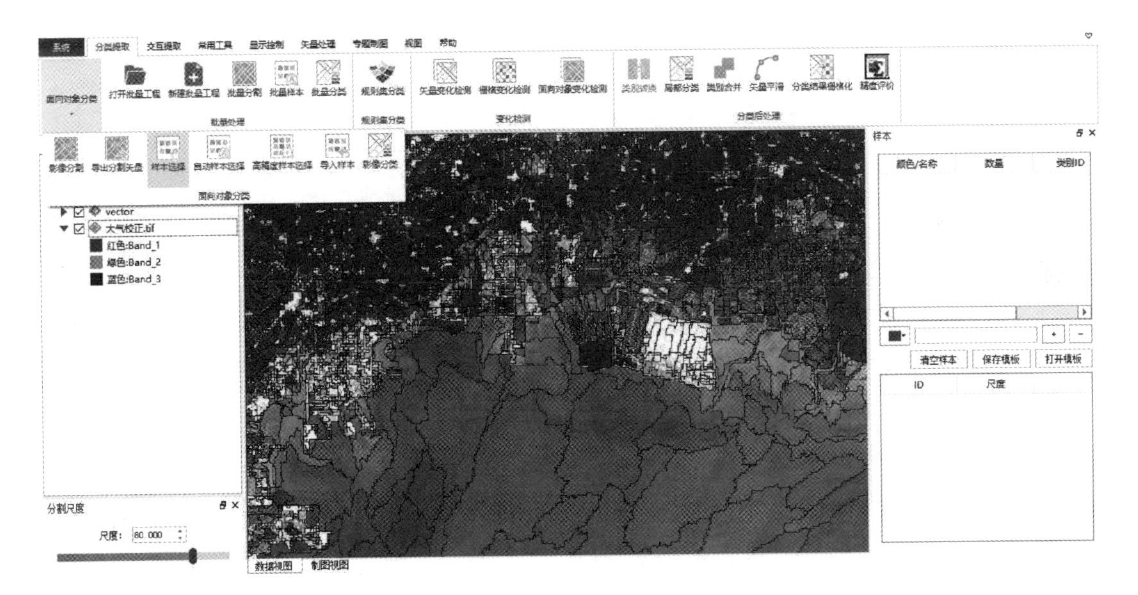

图 7.17　样本选择界面

(6)添加类别。在样本窗口中手动添加类别,设置类别的颜色/名称、ID(图 7.18)。

A. 清空样本。清除某类中的所有样本。

B. 保存模板。将设置好的样本类别、样式保存成模板以供后续重复使用,模板只记录样本名称和颜色信息。

C. 打开模板。打开已保存的样本模板。

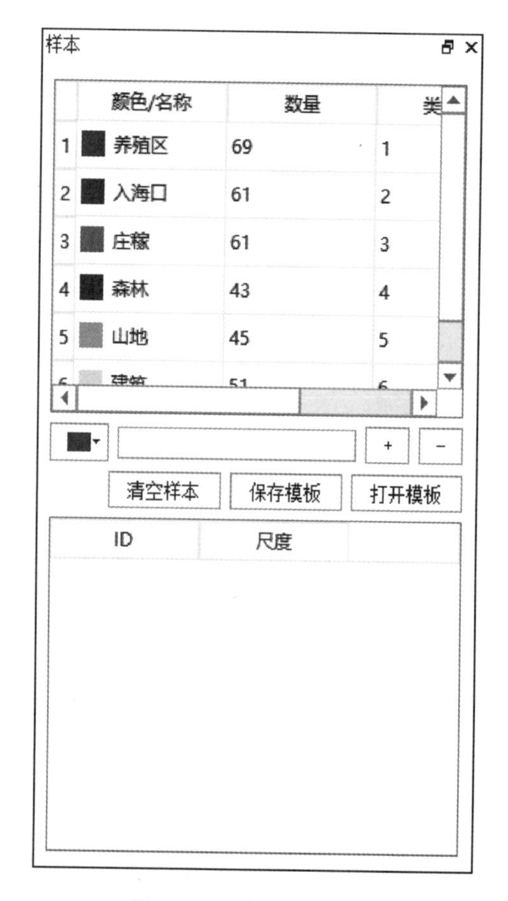

图 7.18 添加类别窗口

(7)样本选择。类别添加完成后，开始进行样本选择，先在类别列表中选中一个类别，然后鼠标左键在主视图区双击选择分割图斑作为该类的样本，重复双击该图斑则取消选择。也可长按鼠标左键拉框批量选择样本，右键拉框批量取消样本。重复此步骤，直到每类样本都选择完毕。

样本选择的要求：样本分布均匀，具有类别代表性，数量足够(理论上越多则分类越精确，推荐 50 以上，特殊情况另论)。选样本时可动态调整分割尺度，在不同尺度下选择样本，兼顾到不同尺寸大小的样本选择。

7.4.5 影像分类

点击【面向对象分类】→【影像分类】，弹出“面向对象分类向导”对话框，选择分类方式。影像分类有两种方式：①创建新的分类模型；②使用已有分类模型。

(1)选择分类要素。通常情况下选择光谱、纹理和指数这几个要素参与分类，形状一般对一些形状单一的地类分类效果较好，如道路、河流等，但是难以兼顾到所有的地类，因此一般用得不多(图 7.19)。完成之后，点击【下一步】选择分类算法。

图 7.19 “选择分类要素”对话框

影像分类

(2)选择分类算法。有以下 5 种分类算法可供选择,推荐使用随机森林分类算法(图 7.20)。

面向对象分类向导

选择分类算法

分类算法: 随机森林 (RF)

	参数名称	参数值
1	MaxDepth	10
2	MinSampleCount	0
3	MaxCategories	16
4	RegressionAccuracy	0.95
5	ActiveVarCount	0

保存模型(可选): 浏览...

< 上一步(B) 完成(F) 取消

图 7.20 “选择分类算法”对话框

A. KNN。一个样本在特征空间中的 k 个最相邻的样本中的大多数属于某一个类别，则该样本也属于这个类别，并具有这个类别上样本的特性。

B. SVM。在机器学习领域，是一个有监督的学习模型，通常用来进行模式识别、分类以及回归分析。

C. 分类回归树(classification and regression tree，CART)。采用的是一种二分递归分割的技术，将当前样本分成两个子样本集，使得生成的非叶子节点都有两个分支。CART 实际上是一棵二叉树。

D. 随机森林(random forest，RF)。通过自助法(bootstrap)重采样技术，从原始训练样本集 N 中有放回地重复随机抽取 k 个样本生成新的训练样本集合，然后根据自助样本集生成 k 个分类树组成随机森林，新数据的分类结果按分类树投票多少形成的分数而定。

E. 贝叶斯分类(Bayesian)。一种基于统计学的分类方法。其分类原理是通过某对象的先验概率，利用贝叶斯公式计算出其后验概率，即该对象属于某一类的概率，选择具有最大后验概率的类作为该对象所属的类。

“保存模型(可选)”是对训练模型进行保存。保存的模型可以应用于使用模型分类方式中。设置完成之后，点击【完成】按钮，执行分类操作。

7.5.6 影像掩膜

陆地水域对海洋区域水深反演结果具有一定影响，容易导致界限不清晰、成图不规范，为避免该情况的发生，本节拟对该图像做掩膜处理，将陆地区域与海洋区域分隔开。

现进行掩膜处理相关步骤的描述，掩膜是一个由 0 和 1 组成的二值图像。当对一幅图像应用掩膜时，1 值的区域被保留，0 值的区域被舍弃(1 值区域被处理，0 值区域被屏蔽不参与计算)。

(1)创建掩膜的前提是对该研究区域创建一个属于研究区域专属的 shp 矢量文件，用以后续创建掩膜时的矢量文件输入。点击【常用功能】→【掩膜工具】→【创建掩膜】，弹出“创建掩膜”对话框，如图 7.21 所示。

(2)“基准文件”为经过大气校正的栅格图像数据，“文件类型”默认为矢量文件，“属性文件”为实现创建的海洋区域的掩膜矢量数据，确认输出文件的路径，点击【确定】便可生成需要的掩膜数据图像。

(3)创建掩膜后，进行海洋区域的应用掩膜操作。点击【常用功能】→【掩膜工具】→【应用掩膜】，弹出“应用掩膜”对话框，如图 7.22 所示。

输入文件还是经大气校正过的 TIF 文件，掩膜文件为上述创建的掩膜数据，掩膜值默认输入为 0；最后以掩膜处理文件进行输出。掩膜处理结果图像如图 7.23 所示。

将掩膜数据与之前的分类结果结合，将陆地的产生的误差分类进行消除，为了将掩膜内的陆地误分类进行处理，采用波段运算计算其 NDWI(式 6.2)。

创建掩膜

基准文件 ...

☑ 文件

文件类型 矢量文件

属性文件 ...

☐ 范围

波段

最小值-最大值

设置值

输出文件 ...

掩膜区域

◉ 有效　　○ 无效

确定　　取消

图 7.21 “创建掩膜”对话框

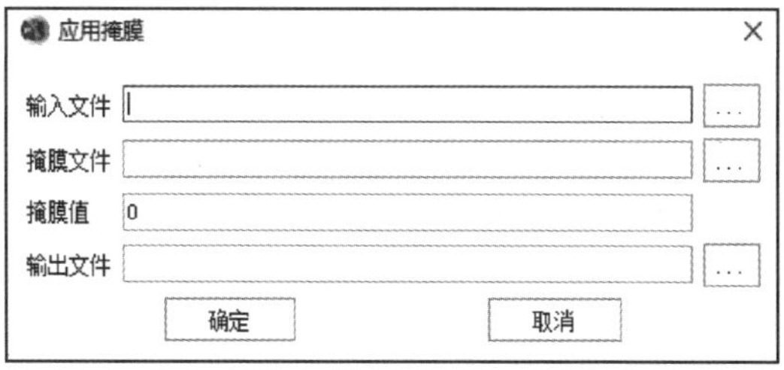

应用掩膜

输入文件 ...

掩膜文件 ...

掩膜值 0

输出文件 ...

确定　　取消

图 7.22 “应用掩膜”对话框

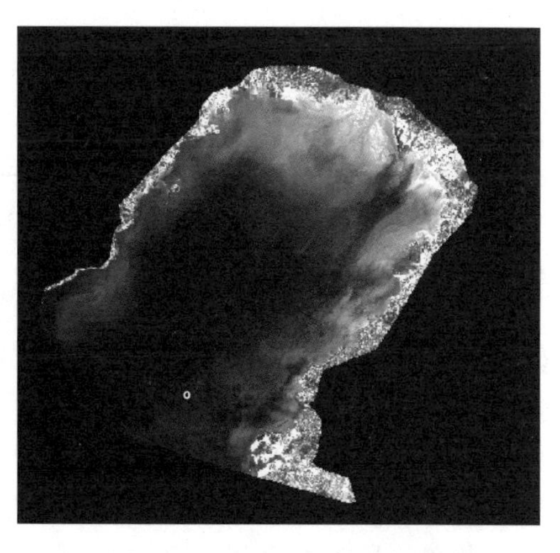

图 7.23 掩膜处理结果图像

选择【常用功能】→【图像运算】→【波段运算】,按照输入表达式的提示,将式(6.2)的参数输入其中,点击“加入列表”,点击“确定”(图 7.24)。

图 7.24 “波段运算”对话框之输入表达式

使用波段运算工具可以进行波段间的运算(图 7.25)。操作人员针对不同研究情况具有独特的需求,利用该工具,操作人员可以自己定义处理算法,应用到特定波段。波段运算实质上是对每个像素点对应的像素值进行数学运算,运算表达式中的每一个变量可以是同一幅图像中的不同波段,也可以是不同影像中的波段,但要求输入影像的幅宽大小保持一致。

在掩膜的基础上,利用波段运算工具将不符合 NDWI 指数的面积剔除,得到处理结果,如图 7.26 所示。

波段运算
表达式
(b1-b2)/(b1+b2)
波段变量设置 重置
b1[--波段0]
b2[--波段0]
图像 ...
E:/下载文献/PIE/PIE操作图片/大气校正/大气校正.tif
E:/下载文献/PIE/PIE操作图片/掩膜/掩膜处理后图像.img
E:/下载文献/PIE/PIE操作图片/掩膜/应用掩膜.tif
输出数据类型 浮点型(32位)
输出文件 ...
确定 取消

图 7.25 “波段运算”对话框之选择波段

图 7.26 处理结果

7.6 结果与验证

分类结果：分类完成后可按照相关行业标准对各类别进行符号化渲染，以达到比较好的视觉效果(图 7.27)。

图 7.27　分类结果视图

为了检验分类结果的精确度，使用 ArcGIS 作为精度验证的工具，使用面积叠加的方法，验证集与测试集面积重叠的部分即为监测到的养殖区域，并计算该交集的养殖区面积与测试集面积的比值(精确度)。

首先右键点击矢量的属性表，点击添加字段命名为 Area，并在所在列的右键菜单中点击【计算几何】(图 7.28)，通过 ArcGIS 计算出其几何面积。同样地，在验证集矢量图层时，也同样通过这样的方式进行处理。

为了计算叠加面积，首先是计算并集，点击【地理处理】→【联合】(图 7.29)，将验证集和测试集的矢量图层作为输入要素输入，确定输出要素类位置，并取消选中【允许间隙存在】，点击【确定】之后，待软件处理之后，在图层列表中会弹出两个矢量的并集。

选择该并集的属性表，并点击【按属性选择】(图 7.30)，将两个养殖区字段添加至表窗口，点击【应用】，即可以确定矢量图层的交集。

重新点击“Area”所在列右键菜单中的【计算几何】选项，右键并点击【统计】即可以计算其交集的面积并记录，以同样的方式计算测试集总面积，利用其两者面积相除，得出其精度为 85.1%。

FID	Shape *	ClassName	ClassID	Are	
0	面	养殖区	1	27	
1	面	养殖区	1	36	
2	面	养殖区	1	59	
3	面	养殖区	1	210	
4	面	养殖区	1	87	
5	面	养殖区	1	221	
6	面	养殖区	1	108	
7	面	养殖区	1	89	
8	面	养殖区	1	69	
9	面	养殖区	1	222	
10	面	养殖区	1	69	
11	面	养殖区	1	12	
12	面	养殖区	1	217	
13	面	养殖区	1	31	
14	面	养殖区	1	60	
15	面	养殖区	1	161	
16	面	养殖区	1	104	
17	面	养殖区	1	29	
18	面	养殖区	1	738000	94.615385
19	面	养殖区	1	643500	144.932432
20	面	养殖区	1	28800	17.777778
21	面	养殖区	1	828000	160.465116

升序排列(A)
降序排列(E)
高级排序(V)...
汇总(S)...
统计(T)...
字段计算器(F)...
计算几何(C)...
关闭字段(O)
冻结/取消冻结列(Z)
删除字段(D)
属性(I)...

图 7.28　右键菜单

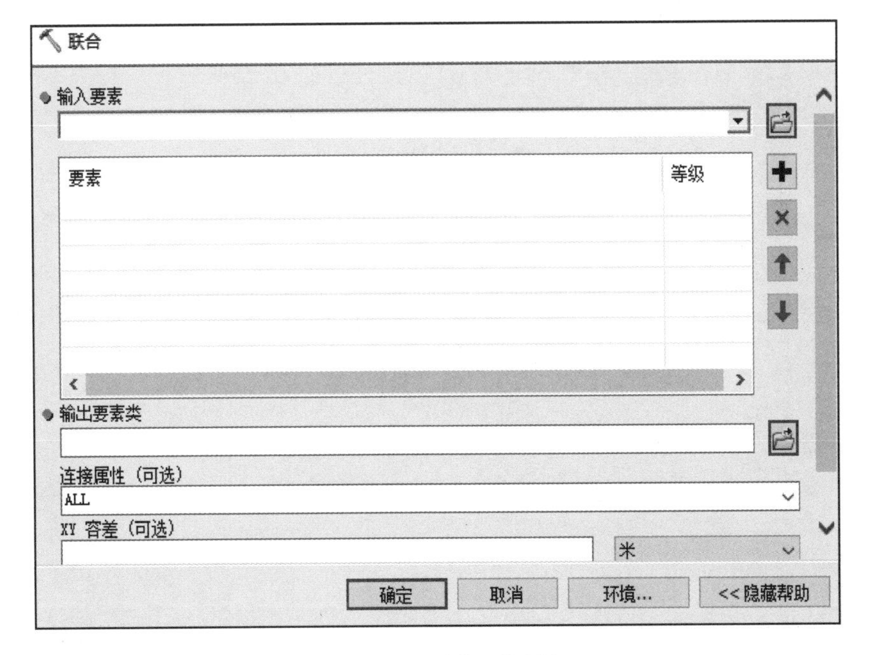

图 7.29　“联合”对话框

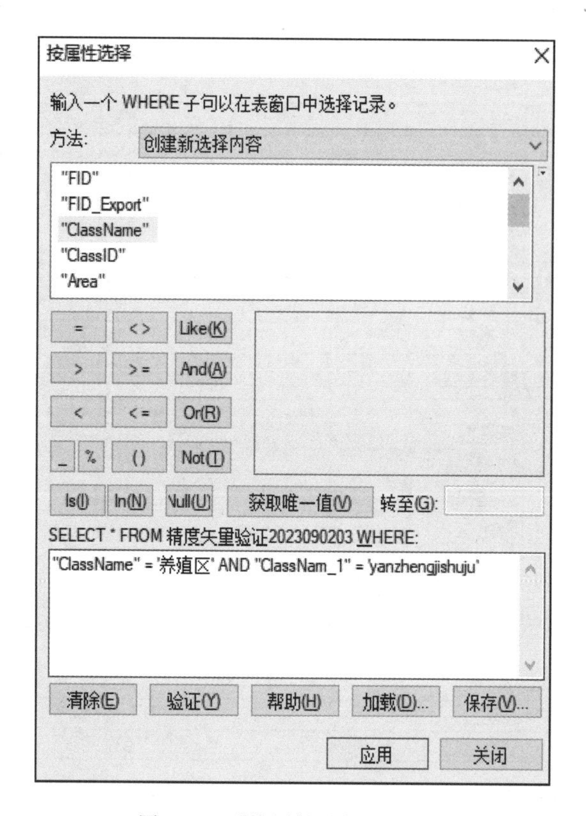

图 7.30 “按属性选择”对话框

8 基于卫星遥感的海雾识别

8.1 背景与意义

海雾是指海洋表面上空出现的一种气象现象，是由水蒸气在海洋表面冷却凝结形成的水滴悬浮在空气中而产生的浓雾，通常分为辐射雾、平流雾、地形雾、锋面雾和蒸气雾，其中以辐射雾和平流雾较为常见。海雾通常出现在海洋温度较低、湿度较高的地区，其形成与海洋与大气之间的热交换和水汽的凝结有关。

海雾具有以下特点：首先，海雾的能见度较低，通常在几百米至几千米之间，甚至更低。这使得船只在海上航行时能见度降低，增加了航行的风险。其次，海雾的出现通常伴随着大气湿度的增加，空气中的水汽含量较高。这会对船只的导航系统和通信设备造成干扰，进一步加大了航行的难度。此外，海雾的出现与海洋表面温度的变化密切相关，当海洋表面温度较低时，海雾容易形成。

由于中国拥有辽阔的海岸线和丰富的海洋资源，海雾对中国的海上航行和海上经济活动具有重要影响。中国的沿海地区经常受到海雾的影响，特别是在春季、夏季，海雾的出现频率较高，持续时间较长。我国近海出现的海雾以平流冷却雾为主，雾季从春至夏自南向北推延。入夏之后，太平洋高压脊向西北伸展，如果其伸至我国沿海地区，加之太平洋高压脊是暖性深厚系统，海雾持续时间较长，平流雾的垂直厚度从几十米至两千米，水平范围可达数百千米。黄海、渤海紧邻西北太平洋沿岸多海雾区，沿海观测站的观测数据显示，该海域的年平均雾日为50～80d。这给航行的安全性和效率带来了很大的挑战，也对海洋经济的发展产生了一定的影响。

海雾是一种发生频率高、持续时间长的天气现象，其低能见度给海上交通运输与港口作业的安全带来非常大的隐患。根据国际海事组织(International Maritime Organization，IMO)的统计数据，60%～80%的海上交通事故与能见度不良有直接关系。根据舟山海事局的统计，在近200次海上发生的船舶碰撞、触礁等事故中，有70%左右是由海雾引起的。对海雾进行有效监测，获取海雾分布范围，结合海上交通信息，提取和分析海雾影响到的海域、航道、港口、船只，从而为受影响的船只提供更具有针对性的导助航信息，对提高海上交通安全具有重要意义。

传统的海雾监测方法依赖于沿岸观测站点和船载观测点，通过站点观测所在区域的海雾情况对海雾分布进行分析。这类方法受限于站点的数量和分布情况，尤其是海上站点的数量较少，使得海雾监测范围受到限制。随着遥感技术的发展，卫星遥感凭借其大范围、周期性监测特点，在海雾监测中发挥了越来越重要的作用。利用遥感监测方法进行海雾监测主要分为被动遥感和主动遥感两类。被动遥感主要利用卫星遥感技术，通过观测海雾区域的亮度温度(简称亮温)、反射率等参数来推测海雾的存在和范围。卫星遥感技术可以提供大范围的海雾监测数据，但其空间分辨率较低，无法提供细节信息。主动遥感则是利用雷达、激光等主动探测手段，通过测量海雾中水滴的浓度、尺寸等信息来获取海雾的相关数据。主动遥感技术可以提供较高的空间分辨率和精确的测量数据，但其监测范围相对较小。

本章利用国产 FY-4A 数据，对渤海、黄海海域的一次海雾进行监测提取。主要讲解数据特点、下载和预处理过程，并分析海雾在可见光近红外与热红外波段的反射、亮温特征。根据日间和夜间海雾在遥感光谱特性上的不同，利用决策树分类对海雾进行提取。

8.2 原理与思路

8.2.1 决策树分类

决策树分类是一种常用的遥感分类方法。决策树是一种基于树状结构的机器学习算法，通过一系列的判断条件来对数据进行分类。在遥感图像分类中，决策树分类算法通过分析遥感图像中的像素特征，并根据这些特征进行判断，将像素分为不同的类别。基于知识的决策树分类是根据遥感影像数据及其他空间数据，通过专家经验总结、简单数学统计和归纳方法等，获得分类规则并进行遥感分类。通常可以分为以下 4 步：知识(规则)定义、规则输入、决策树运行和分类后处理等。

决策树分类的原理是基于特征选择和划分的思想。在决策树的构建过程中，首先需要选择一个最佳的特征作为划分的依据。特征选择的目标是根据特征的重要性和区分度来确定最佳的划分特征。常用的特征选择方法有信息增益、信息增益比、基尼系数等。选择了最佳的划分特征后，决策树将根据该特征的取值将数据集划分为不同的子集。然后，对每个子集递归地重复上述过程，直到满足某个停止条件，如达到预定的深度或子集中的样本数量小于某个阈值。最终，决策树将形成一个树状结构，每个叶子节点代表一个类别。

决策树分类的概念包括以下几个方面：

(1)特征选择。决策树分类算法通过选择最佳的划分特征来进行分类。特征选择的目标是选择能够最好地区分不同类别的特征。

(2)划分规则。决策树通过一系列的判断条件来将数据集划分为不同的子集。划分规则是根据划分特征的取值来进行的。

(3)叶子节点。决策树的叶子节点代表一个类别，每个叶子节点对应一个分类结果。

(4)分类准则。决策树分类的结果是根据叶子节点所代表的类别来确定的。当一个样本经过决策树分类后，将被分配到与其路径上的叶子节点对应的类别。

8.2.2 海雾检测原理与思路

1. 日间海雾光谱特性

日间海雾识别原理主要基于云（中高云和低云）、雾、晴空海面在反射、热辐射和纹理的不同特征。

在可见光到近红外波段（0.38～3μm），卫星上接收的辐射几乎全部来自云雾层和下垫面反射的太阳辐射、地球大气对太阳辐射及地球大气对太阳辐射的散射辐射。在可见光到近红外波段云雾具有较高的反射率，海面的反射率较低，在遥感图像上呈暗黑色，中高云的反射率要明显高于低云和海雾。由于海雾与海面相接，卫星接收的来自地物的反射传播距离更长，其中会发生损耗，因此，在相同厚度的低云与雾中，低云具有更低的反射率。

在中红外波段，卫星接收到的既包含地表发射的长波辐射，也包含其反射的太阳辐射。白天云雾在中红外通道反射的太阳辐射强烈依赖于云雾粒子的大小，粒子越小其反射强度越大。大部分雾粒子的尺度小于低云和中高云，因此雾在中红外通道反射的太阳辐射要比低云反射的太阳辐射高。FY-4A 数据的 3.75μm 波段是可以选用的波段，作为中红外波段与远红外组合设定阈值判定。

在远红外波段，卫星接收的信息主要来自地物自身发射辐射，受到辐射地物本身的温度和比辐射率的影响。雾、低云以及中高云三者由于所处高度不同，自身温度不同，中高云的高度较高，自身温度低，亮温会低于低云与雾。以 FY-4A 第 12 波段的亮温数据显示出的中高云、低云与雾的自身温度差别作为识别海雾的依据。

2. 纹理特征

云雾的空间分布特性往往由纹理特性表征。低云和海雾具有相似的物理性质，表现的光谱特征相似，像素间灰度值有很好的连续性，对比度不大，所以在遥感图像上呈现出纹理均一细腻、边缘轮廓明显清晰的特征。中高云云顶由于所处高度不同，呈现纹理细碎杂乱，分布不均匀。

3. 日间海雾监测流程

(1)在获取 FY-4A 数据后，利用掩膜剔除陆地，再利用定标系数对可见光通道和热红外通道进行辐射定标，获得表观反射率和亮温，并进行预处理。

(2)利用中红外波段（波段 5）反射率数据，使用阈值法将晴空海面与云雾区分离。

(3)由于雾顶温度与云顶温度存在差异，利用剔除陆地后的长波红外通道亮温做初步判断，进而剔除中高云。热红外通道接收的辐射能量大部分来自地物的热辐射，而且云雾在远红外通道的发射率近似为 1。区分中高云、低云与雾的关键在于三者高度不同，所显示的亮温不同。此处选择波段 12（波长 10.7μm）。

根据平均大气温度直减率 $\gamma=0.65℃/100m$，表明高度每上升 100m，温度会下降 0.65℃，因此可将该波段的亮温值近似为目标地物顶部温度。理论上，利用雾顶亮温与对应位置的底层晴空海面的温度差可求解出云雾所在高度，进而通过云顶估算高度分离出中高云。

$$H=\frac{BT_{sea}-BT}{0.65}\times 100 \tag{8.1}$$

式中：BT_{sea}为筛选的云雾区底层/附近海面的亮温估值；BT 为各位置处的亮温值。由于低云与雾的高度接近海表，所以其 H 应较小，而中高云高度较大。此处选择(0，1200)为阈值，大于 1200 像元归为中高云，小于 1200 像元大于 0 的像元归为可能的雾区。

(4)最后，利用归一化积雪指数(normalized difference snow index，NDSI)剔除低云进而识别日间沿海海雾。

$$I_{NDSI}=\frac{R_{0.65}-R_{1.61}}{R_{0.65}+R_{1.61}} \tag{8.2}$$

式中，$R_{0.65}$和 $R_{1.61}$分别代表 0.65μm 和 1.61μm 的反射率。

8.3 数　据

风云四号(FY-4)是我国新一代静止气象卫星，由 FY-4A 和 FY-4B 组成，分别发射于 2016 年 12 月 11 日和 2021 年 6 月 3 日，定点经度为 E104.7°和 E133°。主要探测仪器有先进的静止轨道辐射成像仪(advanced geostationary radiation imager，AGRI)、静止轨道干涉式红外探测仪(geostationary interferometric infrared sounder，GIIRS)、闪电成像仪(lightning mapping imager，LMI)、静止轨道快速成像仪(geostationary high-speed imager，GHI)、CCD(charge-coupled device，电荷耦合器件)相机和空间环境监测仪器(space environment monitoring instrument package，SEP)(表 8.1)。可通过国家气象科学数据中心网站(http://data.cma.cn/site/index.html)或风云卫星遥感数据服务网(http://satellite.nsmc.org.cn/PortalSite/Data/Satellite.aspx)下载相关数据。

FY-4 的辐射成像通道由 FY-2G 的 5 个增加至 14 个以上，覆盖了可见光、短波红外、中波红外和长波红外等波段，接近欧美第三代静止轨道气象卫星的 16 个通道。利用星上黑体进行高频次红外定标，以确保观测数据的精度，星上辐射定标精度 0.5K、灵敏度 0.2K、可见光空间分辨率 0.5km，与欧美第三代静止轨道气象卫星水平相当。

相比于正在运行的 FY-2 先进的静止轨道辐射成像仪，FY-4 先进的静止轨道辐射成像仪在通道数和辐射分辨率两个方面均有大幅度提高，尤其是三轴稳定卫星平台为缩短帧时和小区域扫描提供了可能，这对灾害性天气的实时预报将起到无法替代的重要作用。FY-4还配置有 912 个光谱探测通道的干涉式大气垂直探测仪，光谱分辨率 0.8～1cm，可在垂直方向上对大气结构实现高精度定量探测，这是欧美第三代静止轨道单颗气象卫星不具备的。

表 8.1 FY－4 的主要有效载荷参数

<table>
<tr><th colspan="2">参数</th><th>FY－4B 业务卫星</th><th>FY－4A 科研试验星</th></tr>
<tr><td colspan="2">发射时间</td><td>2021 年 6 月 3 日</td><td>2016 年 12 月 11 日</td></tr>
<tr><td colspan="2">对地观测方式</td><td>成像探测＋垂直探测＋快速成像探测</td><td>成像探测＋垂直探测＋闪电</td></tr>
<tr><td rowspan="15">主要有效载荷</td><td rowspan="4">先进的静止轨道辐射成像仪</td><td>波段范围：0.45～13.6μm</td><td>波段范围：0.45～13.8μm</td></tr>
<tr><td>空间分辨率：0.5～4km</td><td>空间分辨率：0.5～4km</td></tr>
<tr><td>全圆盘观测时间：15min</td><td>全圆盘观测时间：15min</td></tr>
<tr><td>观测区域：灵活可调</td><td>观测区域：灵活可调</td></tr>
<tr><td rowspan="3">干涉式大气垂直探测仪</td><td>波段范围：700～1130cm^{-1}、1650～2250cm^{-1}</td><td>波段范围：700～1130cm^{-1}、1650～2250cm^{-1}</td></tr>
<tr><td>光谱分辨率：0.8cm^{-1}、0.8cm^{-1}</td><td>光谱分辨率：0.8cm^{-1}、1.6cm^{-1}</td></tr>
<tr><td>空间分辨率：12km</td><td>空间分辨率：16km</td></tr>
<tr><td rowspan="3">快速成像仪</td><td>波段范围：全色，0.445～12.5μm</td><td rowspan="3"></td></tr>
<tr><td>空间分辨率：0.25～4km</td></tr>
<tr><td>观测时间：2000km×2000km，小于1min</td></tr>
<tr><td rowspan="4">闪电成像仪</td><td rowspan="4"></td><td>探测波段：777.4nm±0.5nm</td></tr>
<tr><td>探测器大小：2mm×300mm×400mm</td></tr>
<tr><td>空间分辨率：7.8km</td></tr>
<tr><td>覆盖范围：中国及周边</td></tr>
<tr><td>空间环境监测仪器</td><td>空间粒子探测＋磁场探测</td><td>空间粒子探测＋磁场探测</td></tr>
</table>

用于海雾检测的数据是 AGRI，空间分辨率 0.5～4km，时间分辨率 15min（表 8.2）。1 级产品由国家气象卫星中心提供，是由 0 级源包数据经过质量检验、地理定位、辐射定标处理后得到的预处理产品。根据成像范围，数据类型可分为圆盘数据和中国区域数据两种。具体格式说明可参考国家卫星气象中心官方网站（http://www.nsmc.org.cn/nsmc/cn/instrument/AGRI.html）。

数据的文件名构成如下：

（1）L0、L1A 数据文件名结构。卫星名称_仪器名称_观测模式_数据区域类型_星下点经度_数据级别_数据名称_仪器通道名称_投影方式_观测起始日期时间_观测结束日期时间_空间分辨率_备用字段_任务编号.数据格式。

(2)L1C、L2、L3 数据文件名结构。卫星名称_仪器名称_观测模式_数据区域类型_星下点经度_数据级别_数据名称_仪器通道名称_投影方式_观测起始日期时间_观测结束日期时间_空间分辨率_备用字段.数据格式。

表 8.2 AGRI 性能参数(FY-4A)

通道序号	通道类型	中心波长/μm	光谱带宽/μm	空间分辨率/km	主要用途与监测对象
1	可见光与近红外	0.47	0.45～0.49	1、2、4	小粒子气溶胶,真彩色合成
2		0.65	0.55～0.75	0.5、1、2、4	植被,图像导航配准,恒星观测
3		0.825	0.75～0.90	1、2、4	植被,水面上空气溶胶
4	短波红外	1.375	1.36～1.39	2、4	卷云
5		1.61	1.58～1.64	2、4	低云/雪识别,水云/冰云判识
6		2.25	2.1～2.35	2、4	卷云,气溶胶,粒子大小
7	中波红外	3.75	3.5～4.0(高)	2、4	云等高反照率目标,火点
8		3.75	3.5～4.0(低)	4	低反照率目标,地表
9	水汽	6.25	5.8～6.7	4	高层水汽
10		7.1	6.9～7.3	4	中层水汽
11	长波红外	8.5	8.0～9.0	4	总水汽、云
12		10.7	10.3～11.3	4	云、地表温度等
13		12.0	11.5～12.5	4	云、总水汽量、地表温度
14		13.5	13.2～13.8	4	云、水汽

8.4 操作步骤

8.4.1 数据下载

本书所用数据为 AGRI 数据和查找表数据。

1. AGRI 数据

AGRI 数据从国家气象科学数据中心网站下载,选择“成像仪全圆盘 4KML1 数据”。

(FY4A-_AGRI--_N_DISK_1047E_L1-_FDI-_MULT_NOM_20230307020000_20230307021459_4000M_V0001.hdf)。

2. 查找表数据

本章查找表数据从风云卫星遥感数据服务网下载(图 8.1),选择“FY－4A 数据行列号和经纬度查找表 4km 文件”(FullMask_Grid_4000.raw)。

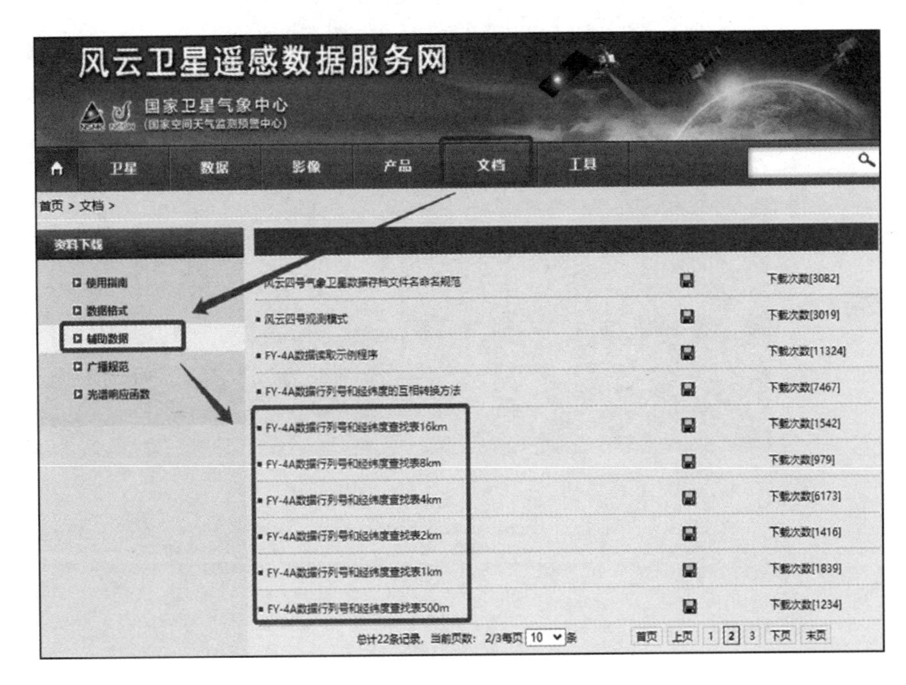

图 8.1　查找表数据下载方式

圆盘数据下载方式

8.4.2　数据预处理

FY－4A 采用 CGMS LRIT/HRIT 全球规范定义的静止轨道标称投影,地理坐标基于 WGS84 参考椭球计算得到,但是下载的影像数据和查找表数据的坐标均以行列号表示。为了使研究结果与航线、港口等目标进行叠加分析,需要将所下载数据的坐标转换为地理坐标。

1. 辐射定标

有两种方法可以进行辐射定标。

1)方法一

利用 HDF 数据中的 CALIBRATION_COEF(SCALE＋OFFSET)进行定标。利用 IDL (interactive data language,交互式数据语言)编程读取该数据集的数据,方法如下:

(1)打开 IDL 编程界面,在命令行中输入“h5_browser(“完整的文件目录与文件名称”)”。

(2)打开 HDF5 浏览器,选择对应数据集(图 8.2)。

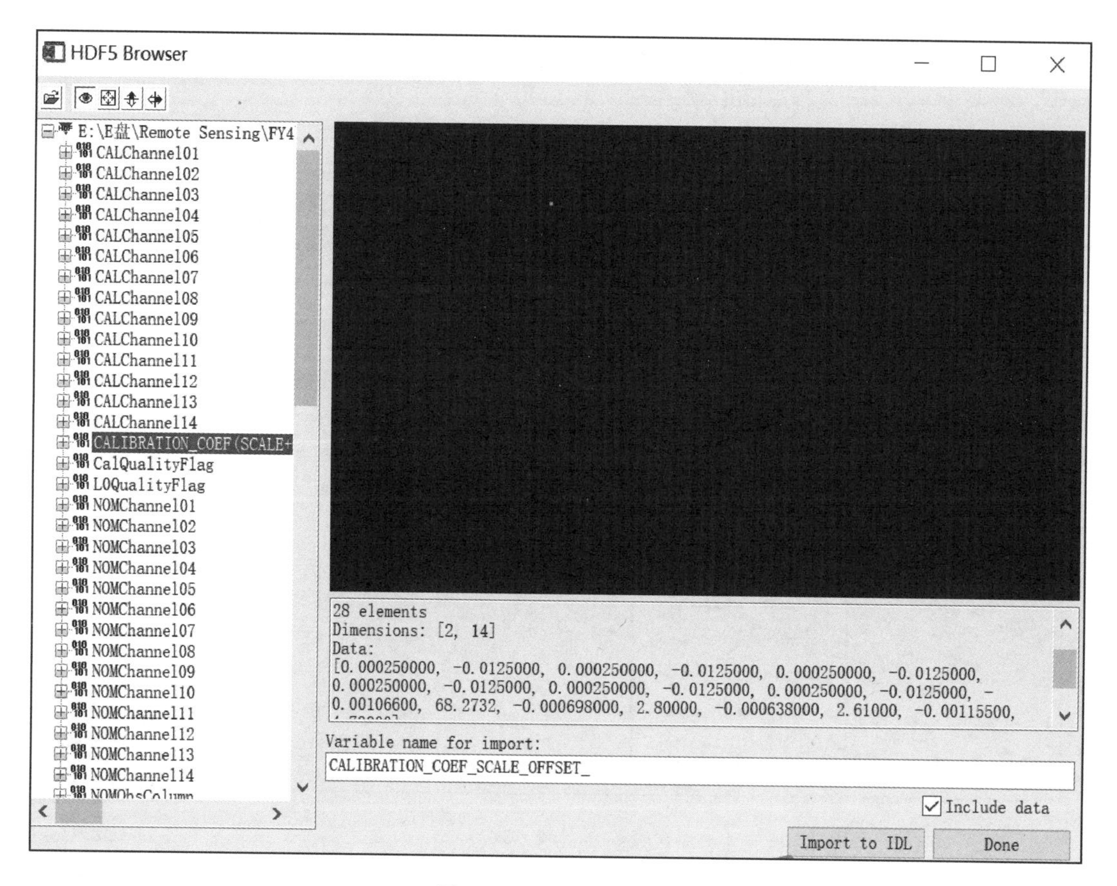

图 8.2　HDF 信息浏览

(3)可在右侧窗口处看到该数据集的 Data,是一个[2,14]的数组;

(4)为了便于区分 gain 与 offset,点击"Import to IDL";

(5)回到 IDL 编程界面的命令行处,输入"print,CALIBRATION_COEF_SCALE_OFFSET_",将该数据进行打印。第一列为 gain,第二列为 offset,将该数值填入到每个波段的数据的 gain 与 offset 处,再进行辐射定标操作即可。

(6)继续步骤(2)。

2)方法二

利用每个波段的校正数据(CAL Channel 01～14),利用 IDL 编程进行定标(图 8.3)。代码参考:https://blog.csdn.net/zheng_xiao_ming/article/details/122468668#comments_20345121。

该输出文件为 IMG 格式,因此可跳过步骤(2)中 NOM 数据的格式变换。通过辐射定标,将 DN 值转换为大气表观反射率(top of atmosphere reflection,TOA)的反射率值(波段 1～波段 6)或亮温值(波段 7～波段 14)。

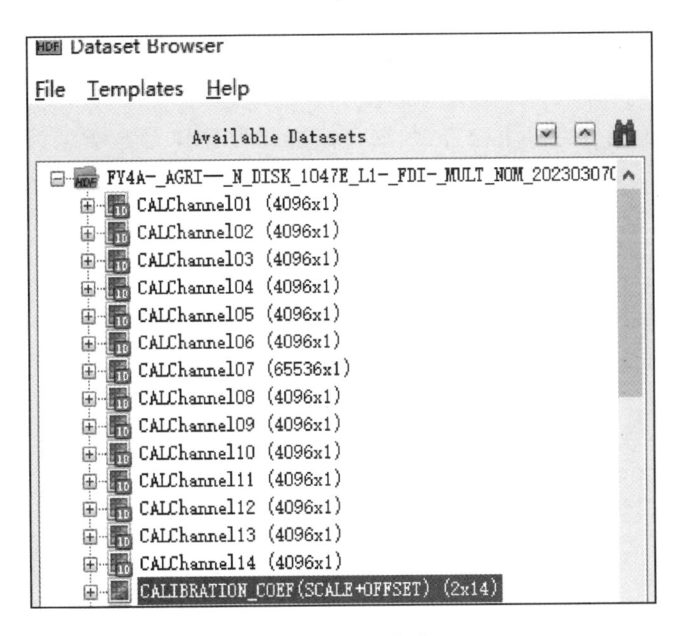

图 8.3　定标系数位置

2. 数据格式变换

为了便于后续处理，将 HDF 格式的数据文件转为 IMG 格式。读取数据集：FY4A -_AGRI -_N_DISK_1047E_L1 -_FDI -_MULT_NOM_20230307020000_20230307021459_4000M_V0001. hdf（图 8. 4）。提取数据文件中 NOMChannel01 - 14 波段，并将其另存为 IMG 格式文件，命名为 FY4A_AGRI_NOM01 - 14. img，再在 PIE 中加载该文件。

图 8.4　圆盘数据加载显示

为了使查找表被软件正确读取，需要对文件格式进行转换。可使用代码进行转换，或利用其他软件设置RAW文件的头文件信息。

设置头文件信息时注意一下内容：数据存储格式为BIP，数据类型为double型，偏移量为0，行数、列数的因空间分辨率不同而有所差异(表8.3)。

表8.3 不同空间分辨率下的数据大小

空间分辨率/km	行数	列数
4	2748	2748
2	5496	5496
1	10 992	10 992
0.5	21 984	21 984

通过上述处理，将FullMask_Grid_4000.raw文件存为FullMask_Grid_4000.img。该文件有两个波段：第一波段为纬度信息，第二波段为经度信息(图8.5)。

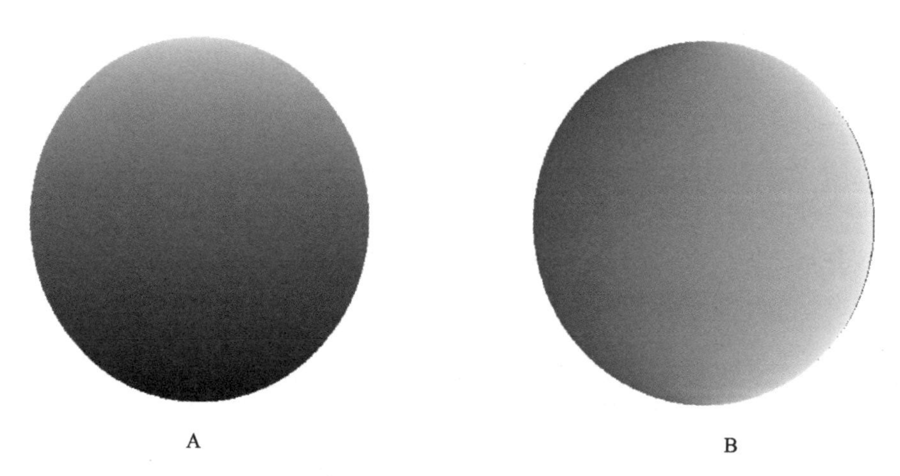

A. 纬度波段图像；B. 经度波段图像。

图8.5 RAW数据

3. 影像裁剪

在PIE-Basic中同时打开数据文件和经纬度查找表文件(表8.4)。

表8.4 文件名称

数据文件	FY4A_AGRI_NOM01-14.img
查找表文件	FullMask_Grid_4000.img

步骤:矢量处理→矢量创建→创建一个面图层→矢量编辑→编辑控制→开始编辑→添加要素→矩形(图 8.6～图 8.8)。

创建图层

输出文件 E:/E盘/Remote Sensing/FY4/FY4AA/FY4Ashpfile4subset2Bohai2.shp ...

坐标系 ...

要素类型 面

添加 删除

名称	别名	类型	宽度	精度	小数

图 8.6 创建矢量图层

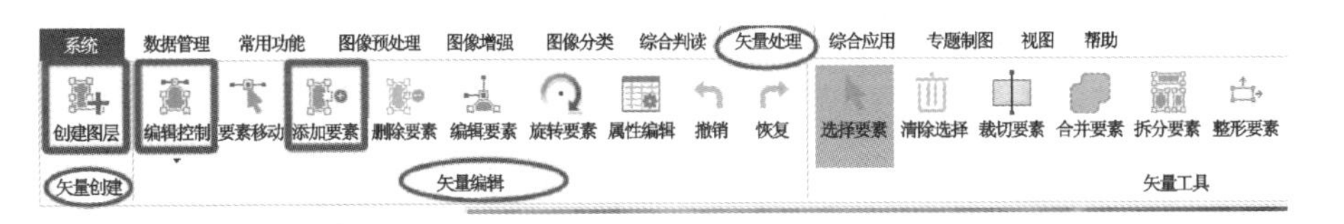

图 8.7 编辑矢量数据

矢量图层创建

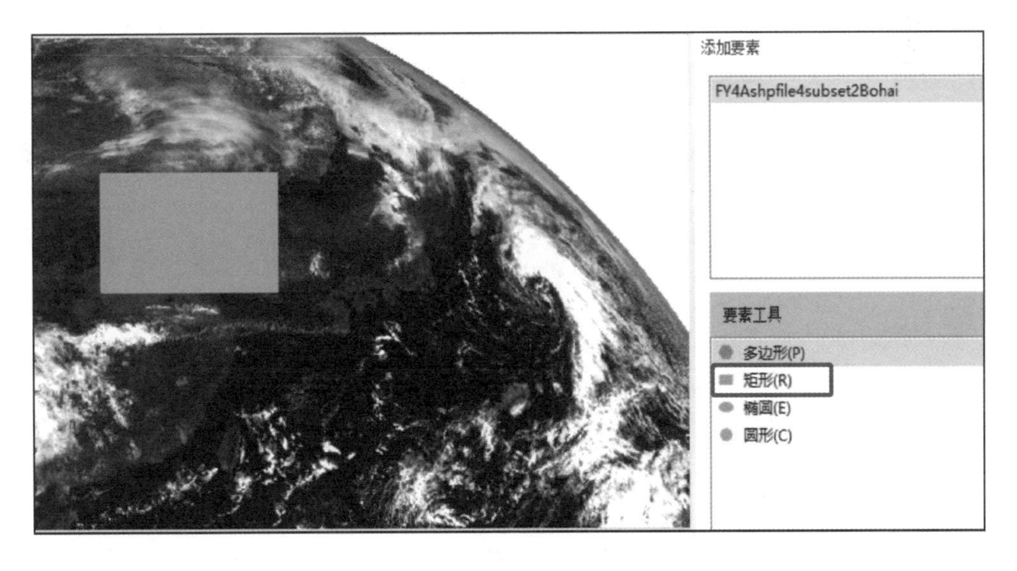

图 8.8 绘制矩形区域

裁剪工具与步骤：图像预处理→图像裁剪→选择“文件”，按照矢量数据进行裁剪，其中“输入文件”分别选择数据文件和经纬度查找表文件，对两个文件分别进行裁剪（图 8.9、图 8.10）。

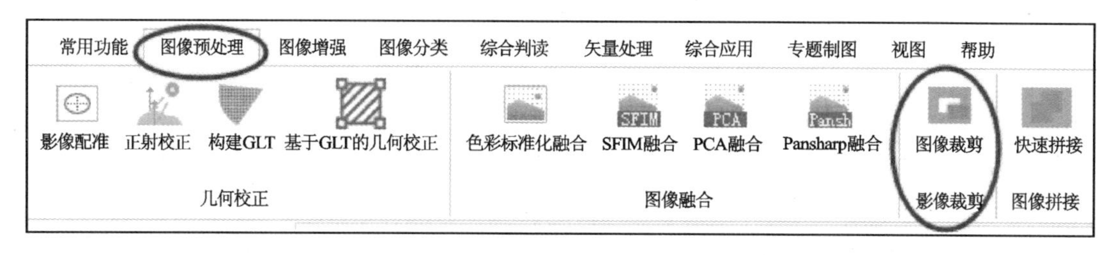

图 8.9 “图像裁剪”工具的位置

图 8.10 “图像裁剪”对话框

图像裁剪
（海雾识别）

裁剪后的 AGRI 数据和查找表数据（图 8.11）名称分别为：FY4A14banddata_PIEsubset2Bohai. tif 和 FY4AMask_PIEsubset2Bohai. tif。

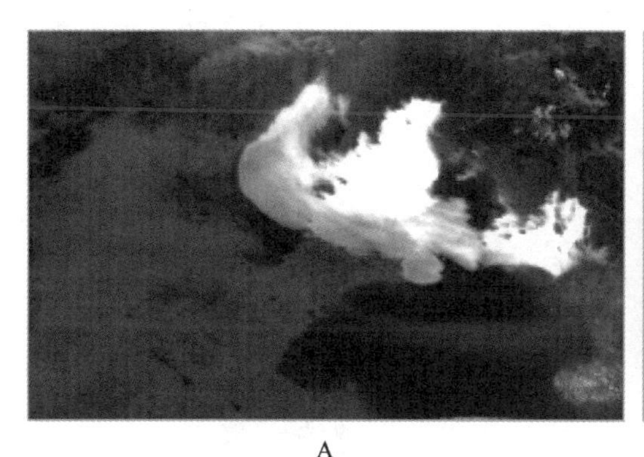

A　　B

A. 裁剪到研究区的 AGRI 数据；B. 裁剪到研究区的查找表数据。

图 8.11　裁剪后结果

4. GLT 校正

N_DISK 全圆盘（4km）有两种生成经纬度查找表的方法。

（1）直接读取官网提供的角度数据集，将 RAW 数据转存为 IMG 或 TIF 等格式文件（FY4AMask_PIEsubset2Bohai. tif），生成 GLT 文件，其中 *X* 选择第二波段，*Y* 选择第一波段（PIE－Basci 支持 HDF 格式文件生成 GLT 文件，ENVI 等支持 IMG/TIF 等格式生成 GLT 文件）。

（2）读取 FY4A－AGRI_N_DISK_1047E_L1－GEO－MULT_NOM 数据集，其中有圆盘的行列号数据集，无值区域为－1/有值区域为对应的行列号，然后根据公式由行列号计算出对应的经纬度，生成经纬度数据集。

本书采用第一种方法，直接利用官网下载的 RAW 文件（图 8.12）。

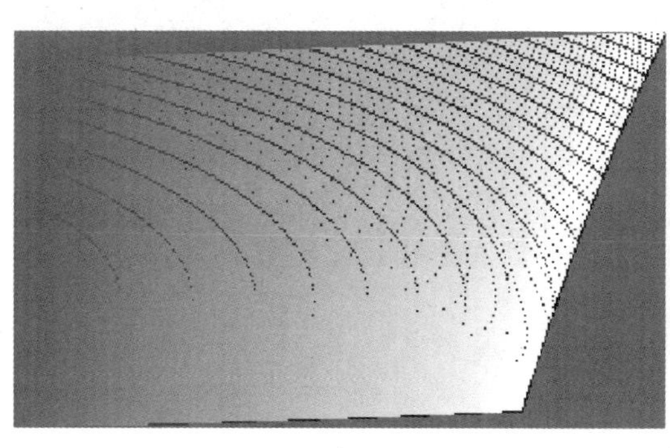
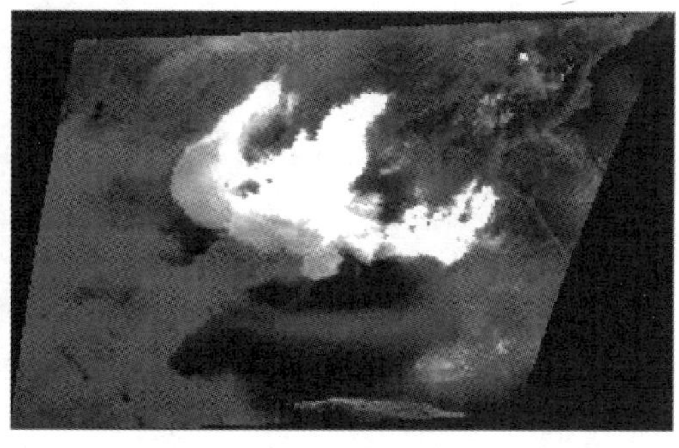

A　　B

A. 查找表生成的 GLT 文件（FY4AMask_PIEsubset2Bohai_GLT）；B. 经过 GLT 校正的影像数据（FY4A14banddata_PIEsubset2Bohai_glted. tif）。

图 8.12　GLT 校正

5. 掩膜应用

(1)创建掩膜。常用工具→掩膜工具→创建掩膜。基准文件为 GLT 校正后的数据文件,属性文件为全球陆地矢量图,掩膜区域设为“无效”(图 8.13)。掩膜文件命名为 continent_mask.img。

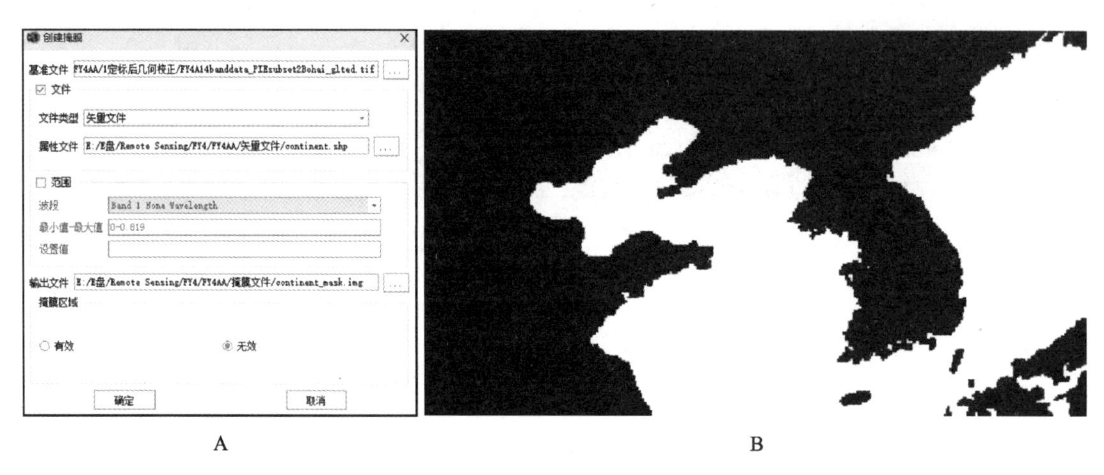

A. 掩膜设置;B. 生成的掩膜文件。

图 8.13　掩膜生成

(2)应用掩膜。常用工具→掩膜工具→应用掩膜。输入文件为 GLT 校正后的数据文件,掩膜文件为上一步生成的掩膜文件 continent_mask.img,掩膜值设置为 0(图 8.14)。输出文件命名为 FY4A14banddata_PIEsubset2Bohai_glted_masked.tif。

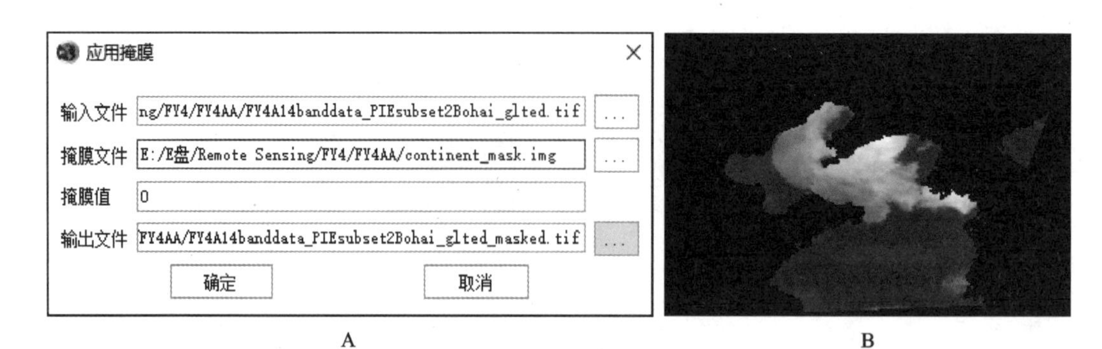

A. 应用掩膜设置;B. 应用掩膜后文件。

图 8.14　应用掩膜

8.4.3 日间海雾提取

1. 决策树规则获取

1)云雾与晴空海面的区分

郎紫晴(2022)采用动态阈值云检测算法进行云雾与海面的分离。该算法利用遥感图像1.61μm(波段5)的直方图变化情况动态获取分离阈值。该方法统计图像的灰度直方图,其中地面最大值接近云的方向上,直方图曲线斜率变化率最大值所对应灰度值作为区分云区和下垫面的阈值。陆地等复杂背景在直方图上表现为多个峰值,不利于准确地确定动态阈值。海洋表面作为下垫面(晴空海面),其物理性质较接近,直方图曲线较平滑,因此较容易确定阈值。

由于在预处理阶段已将陆地进行了掩膜处理,因此,本章只需确定晴空海面与云雾区分的阈值。为简单起见,阈值的选取是通过观察波段5的反射率剖面线来确定的。在PIE中以波段5灰度显示(为避免波谱剖面图示出错,仍然使用RGB合成,各颜色均设置为波段5)(图8.15)。

步骤:图层(右键)→属性→栅格渲染。

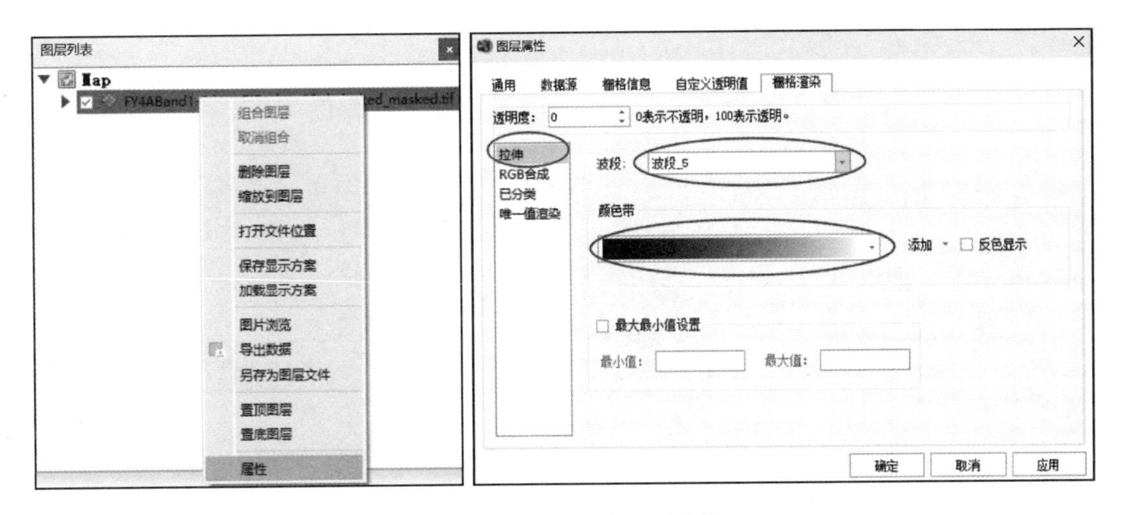

图8.15　数据显示与图层渲染

首先利用波谱剖面图工具(常用功能→图像特征统计→波谱剖面图)查看水平或垂直方向上,灰度值大体分布情况(图8.16)。

由波谱剖面图发现,海面和云雾覆盖区在波段5的反射率值集中在0.04~0.38之间。云雾与海面的反射率区分临界点大概为0.06,从而获得区分云雾与晴空海面的规则:若B5>0.06,则为云雾,否则为海面。也可以对该波段的灰度直方图进行统计(常用功能→图像特征统计→直方图统计)。其中,非统计值设置为0~0.04。

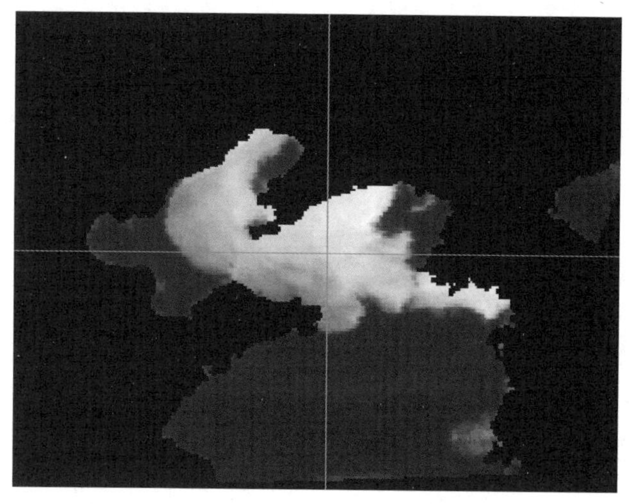

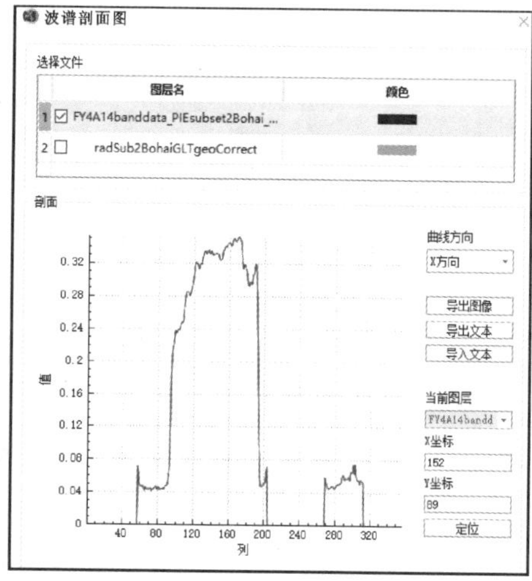

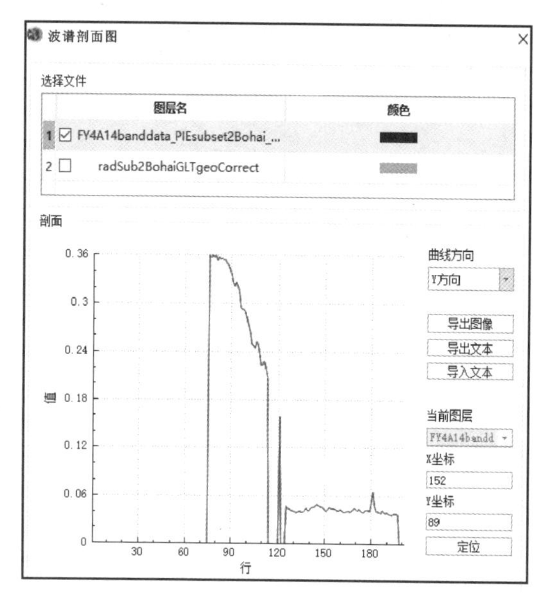

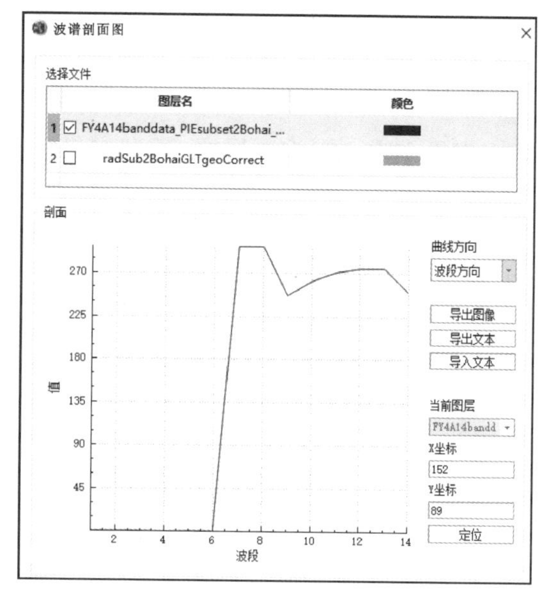

图 8.16　沿 X/Y 波段方向上的灰度分布情况

可通过【符号化显示】查看每个灰度区间的像元个数分布，也可将数据保存到文件，便于处理(图 8.17)。

2)云雾与中高云的区分

根据 8.2.2 中所述，H 大于 2000 像素的为中高云，因此需要利用波段 12(10.7μm)计算 H。

(1)首先，查看波段 12 水平方向、垂直方向的亮温曲线。如果不同地物亮温值的差异，难以从剖面线直接读出，可将剖面线数据导出为 *.txt，然后再对数据进行分析(图 8.18)。

(2)然后，确定晴空海面的亮温值。根据剖面线数值，选取附近晴空海面的最大值作为海面温度。此处 BT_{sea} 为 279.6K。

最后，使用波段运算工具，计算波段 12 数据上每个像元的相对高度 H，公式参见式(8.1)。

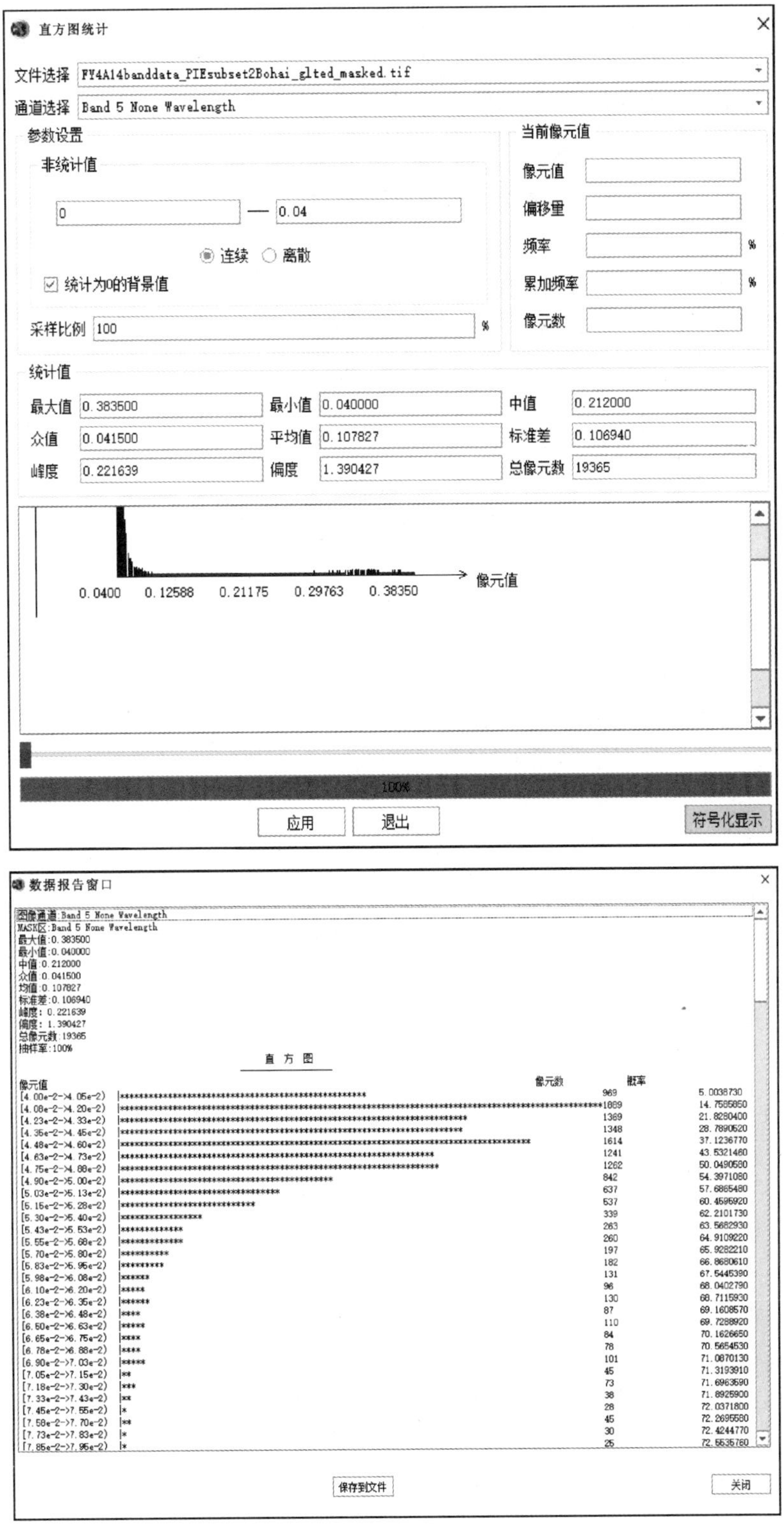
直方图统计
文件选择 FY4A14banddata_PIEsubset2Bohai_glted_masked.tif
通道选择 Band 5 None Wavelength
参数设置
非统计值
0
0.04
连续
离散
统计为0的背景值
采样比例 100 %
当前像元值
像元值
偏移量
频率 %
累加频率 %
像元数
统计值
最大值 0.383500
最小值 0.040000
中值 0.212000
众值 0.041500
平均值 0.107827
标准差 0.106940
峰度 0.221639
偏度 1.390427
总像元数 19365
0.0400 0.12588 0.21175 0.29763 0.38350
像元值
100%
应用
退出
符号化显示
数据报告窗口
图像通道:Band 5 None Wavelength
MASK区:Band 5 None Wavelength
最大值:0.383500
最小值:0.040000
中值:0.212000
众值:0.041500
均值:0.107827
标准差:0.106940
峰度: 0.221639
偏度: 1.390427
总像元数:19365
抽样率:100%
直 方 图
像元值
像元数
概率
[4.00e-2->4.05e-2) 969 5.0038730
[4.08e-2->4.20e-2) 1889 14.7585850
[4.23e-2->4.33e-2) 1369 21.8280400
[4.35e-2->4.45e-2) 1348 28.7890520
[4.48e-2->4.60e-2) 1614 37.1236770
[4.63e-2->4.73e-2) 1241 43.5321460
[4.75e-2->4.88e-2) 1262 50.0490580
[4.90e-2->5.00e-2) 842 54.3971080
[5.03e-2->5.13e-2) 637 57.6865480
[5.15e-2->5.28e-2) 537 60.4595920
[5.30e-2->5.40e-2) 339 62.2101730
[5.43e-2->5.53e-2) 263 63.5682930
[5.55e-2->5.68e-2) 260 64.9109220
[5.70e-2->5.80e-2) 197 65.9282210
[5.83e-2->5.95e-2) 182 66.8680610
[5.98e-2->6.08e-2) 131 67.5445390
[6.10e-2->6.20e-2) 96 68.0402790
[6.23e-2->6.35e-2) 130 68.7115930
[6.38e-2->6.48e-2) 87 69.1608570
[6.50e-2->6.63e-2) 110 69.7288920
[6.65e-2->6.75e-2) 84 70.1626650
[6.78e-2->6.88e-2) 78 70.5654530
[6.90e-2->7.03e-2) 101 71.0870130
[7.05e-2->7.15e-2) 45 71.3193910
[7.18e-2->7.30e-2) 73 71.6963590
[7.33e-2->7.43e-2) 38 71.8925900
[7.45e-2->7.55e-2) 28 72.0371800
[7.58e-2->7.70e-2) 45 72.2695580
[7.73e-2->7.83e-2) 30 72.4244770
[7.85e-2->7.95e-2) 25 72.5535760
保存到文件
关闭

图 8.17 直方图统计

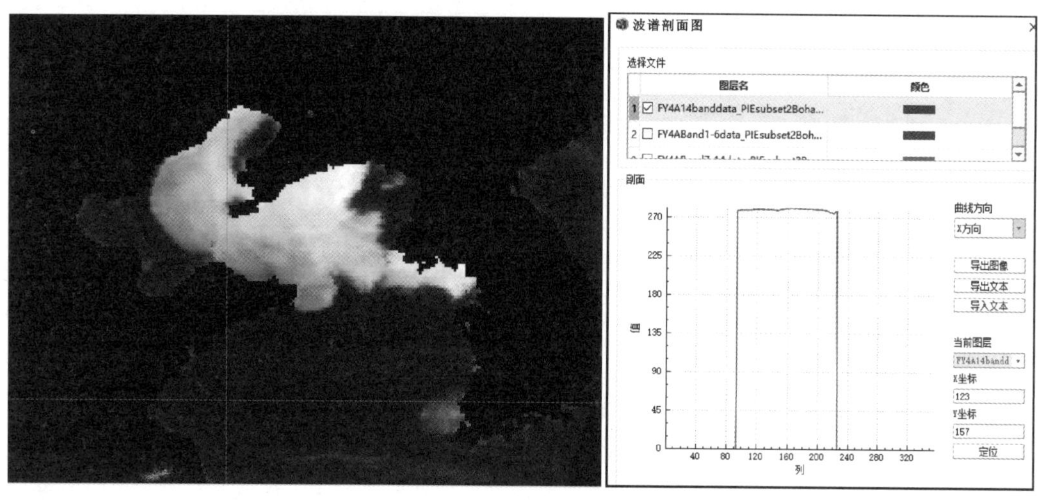

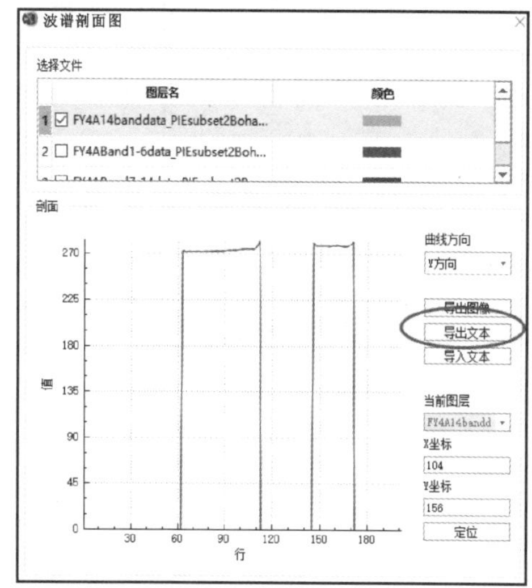

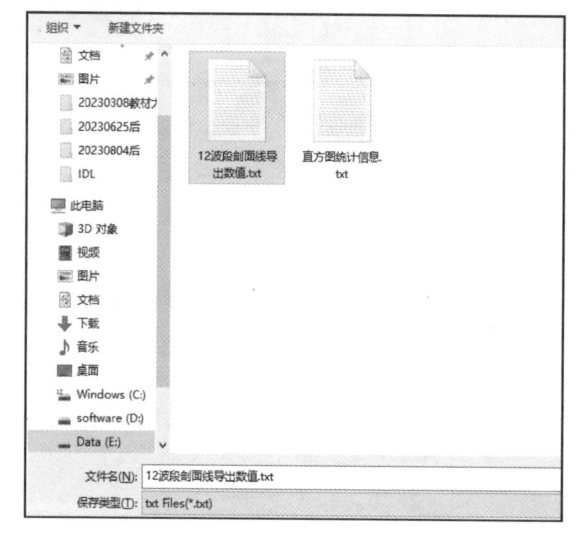

图 8.18 沿 X/Y 波段方向上的灰度分布情况

步骤：常用功能→波段运算(图 8.19)。

数据输出：band12height. tif。

3)海雾与低云的区分

根据 8.2.2 中的低云提取规则，适用阈值为 $I_{\mathrm{NDSI}}>0$。

使用波段运算工具，通过波段 2 与波段 5 计算 I_{NDSI}，并将计算结果输出为：NDSI. tif。

4)决策规则与数据整理

为了便于决策树构建和数据处理，本步骤将对使用到的数据或数据的波段进行重新组合，并对决策树规则进行总结。

本次决策树构建时使用了数据 FY4A14banddata_PIEsubset2Bohai _glted_masked. tif 的波段 5、数据 band12height. tif 和数据 b14—b12. tif。为了便于处理，将这几个波段/数据重新组合为一个新的数据：forDT. tif，以上提及波段/数据依次为波段 1～波段 3(波段 1—原

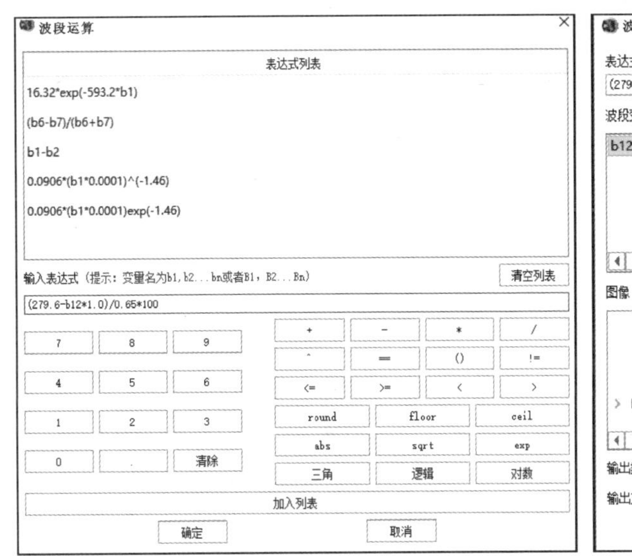
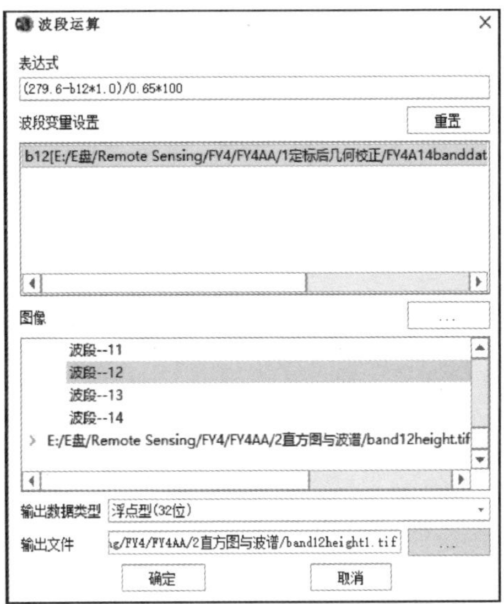

图 8.19 波段运算

波段 5 反射率值，波段 2—通过波段 12 计算的云高值，波段 3—NDSI）。

步骤：常用功能→波段组合（图 8.20）。

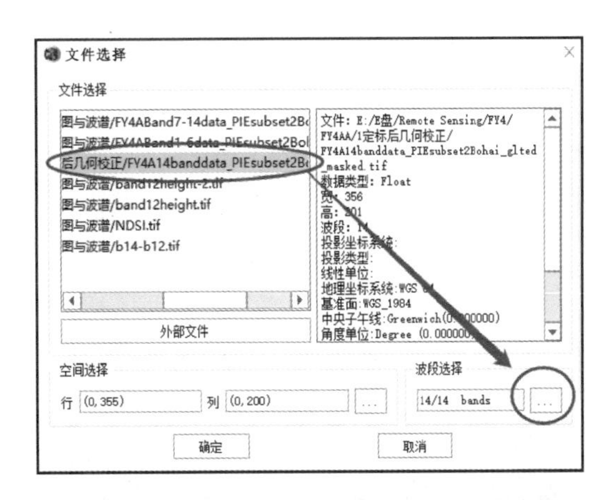
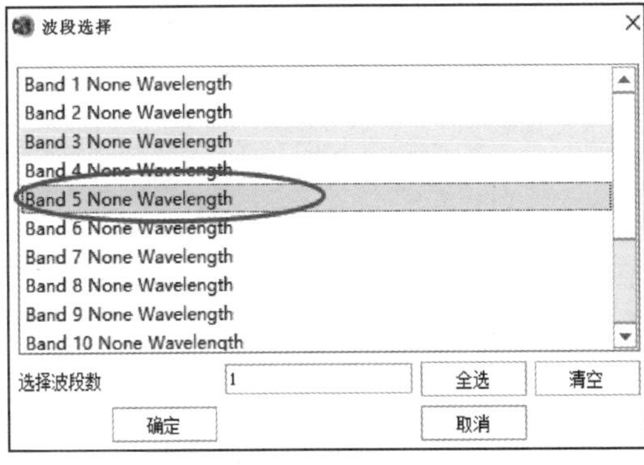

图 8.20 波段组合

对应规则和规则的目的如表 8.5 所示。

表 8.5　决策树规则和规则目的

规则表达	结果	目的
b1＞0.06	是：云雾区	区分云雾与晴空海面
	否：晴空海面	
0＜b2＜1200 （b2＜0：异常；b2＞1200：中高云）	是：低云与雾	区分中高云与低云、雾
	否：中高云	
0＜b3	是：低云	区分低云与雾
	否：雾	

2. 决策树构建与执行

工具：图像分类→决策树分类。

（1）通过【文件】→【新建树】，建立一个新的决策树。

（2）点击【父节点】，打开"节点属性"对话框，分别输入节点名称和表达式。

（3）右键点击叶节点，可新增子节点或编辑节点属性，如修改其显示颜色等(图 8.21)。

（4）所有节点表达式与属性设置完成后，可执行该决策树。

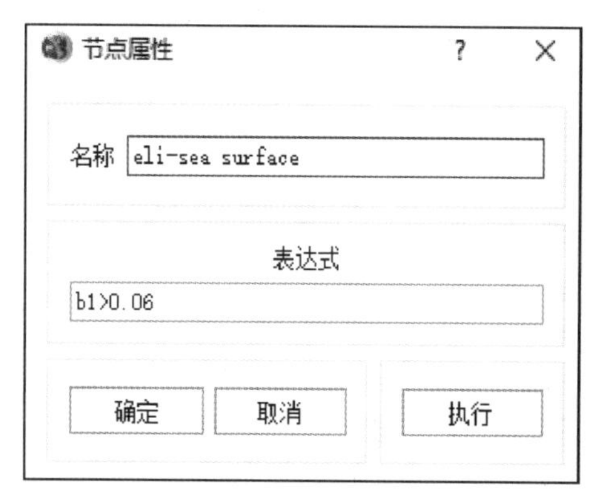

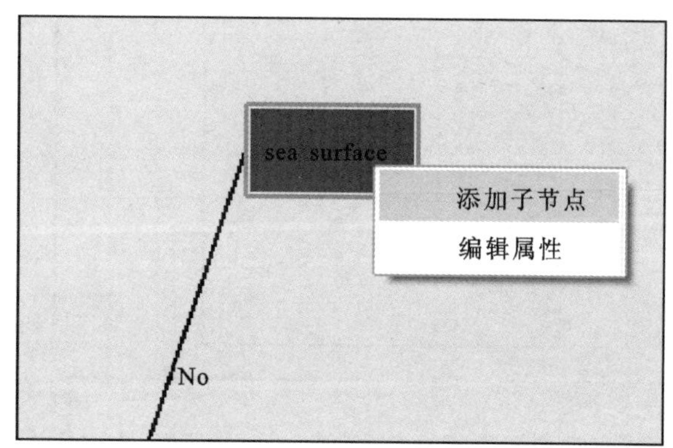

图 8.21　决策树节点编辑

（5）在执行决策树时，会被要求选择输出目录与输出文件名。

（6）最终结果如图 8.22 所示。

3. 分类后处理

通过观察分类后结果数据可以发现，海雾、低云、中高云等都存在一些碎斑块，这与海雾纹理特征不相一致，因此需要对碎斑块进行去除处理。

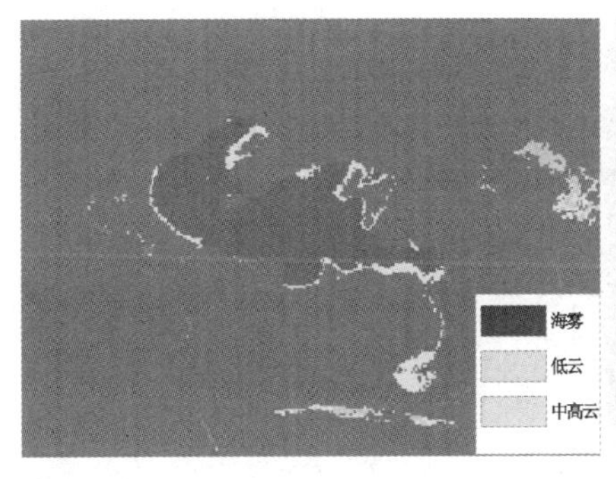

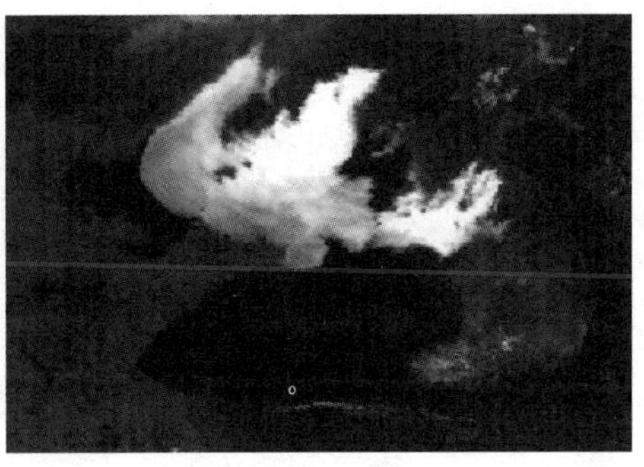

图 8.22 决策树分类结果与原图对比

决策树
节点编辑

工具:图像分类→分类后处理→过滤。

(1)设置输入输出文件路径,选择需要进行处理的类别,根据碎斑块大小设置过滤阈值和聚类邻域大小(图 8.23)。

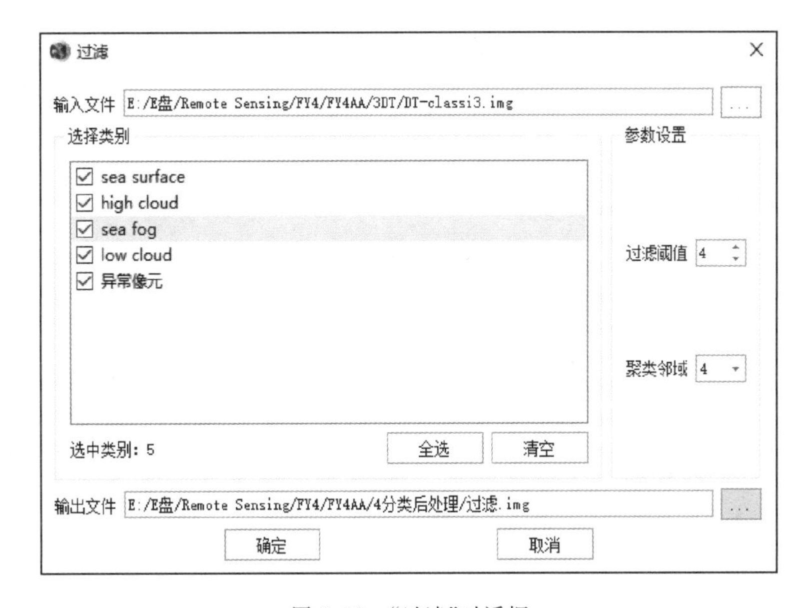

图 8.23 “过滤”对话框

(2)经过处理后,海雾区域边界清晰,边界内部类别均为海雾(图 8.24)。

★严格的海雾提取研究还应当与地面真实数据进行对比,以检验分类精度。由于数据所限,本章未进行精度验证。

4. 结果导出

为了便于将提取结果与港口、航道等信息进行叠加,需要将海雾提取结果导出为矢量文件。

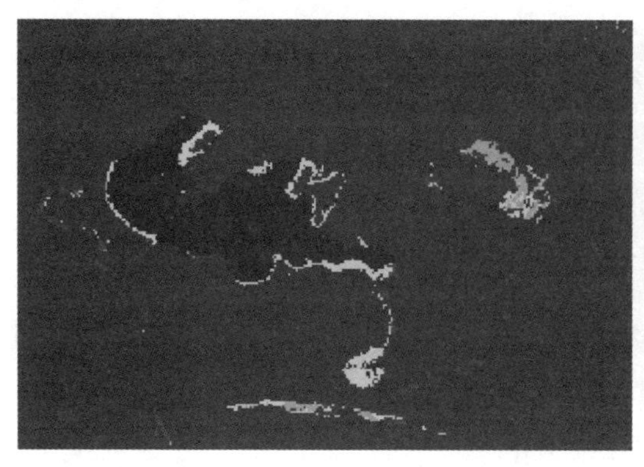
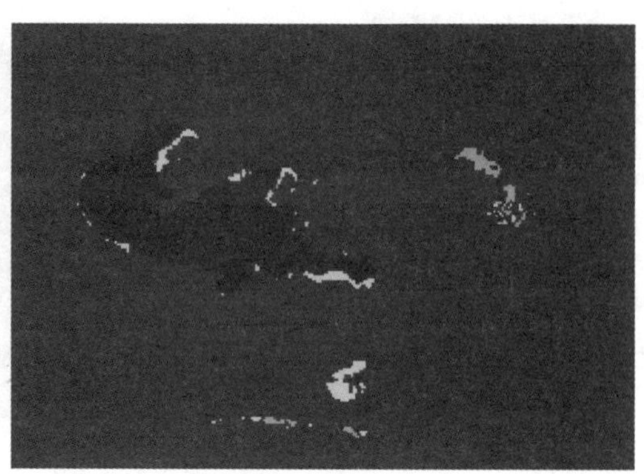

图 8.24　利用过滤工具处理前(左)后(右)的结果图

工具:图像分类→分类结果导出。

(1)分别选择设置输入输出文件,选择需要导出的类别以及导出文件个数。如果导出多个类别,可以将每一个类单独导出为一个文件,也可以将所有类别都导出到一个文件(图 8.25)。

(2)导出结果可以叠加到天地图、高德地图等在线地图,或本地电子海图上(图 8.26)。再利用 GIS 的空间叠加分析,即可判断海雾影响到的港口、航道、锚地等情况。

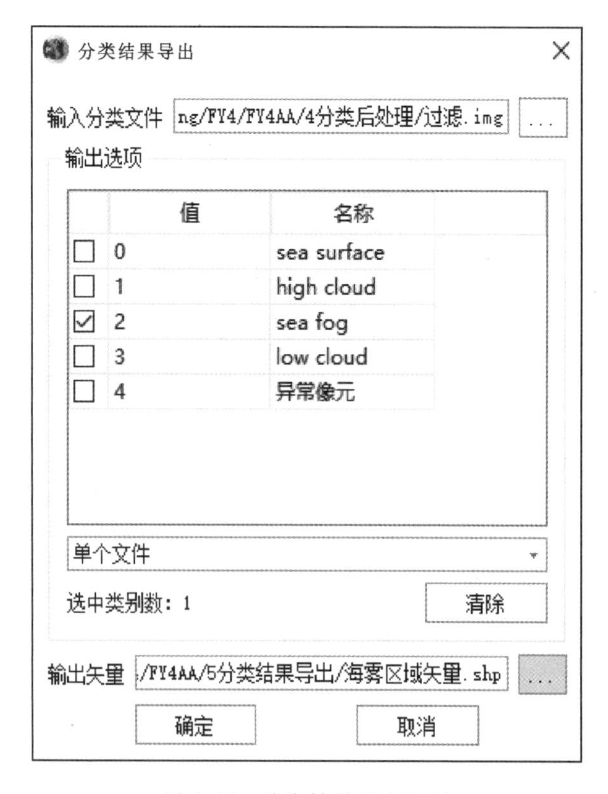

图 8.25　分类结果导出界面

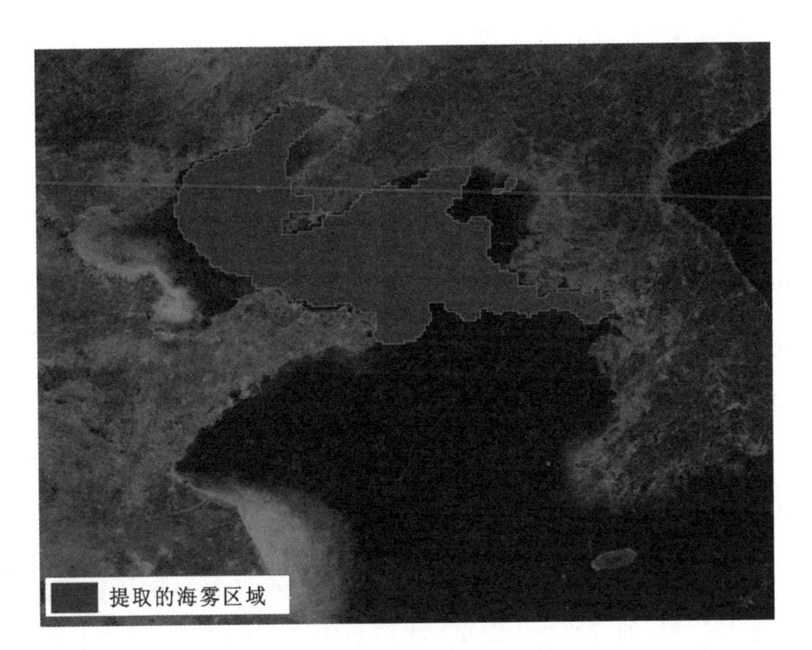

注:图像右下角提取出来的单独小块海雾区域非研究区域,这不是误识别,而是那地方确实有雾,被正确地提取出来了。

图 8.26 分类结果与天地图叠加显示结果

9 基于星载光学数据的水深反演

9.1 背景与意义

水深是海洋、湖泊、河流等水体的重要地理特征之一，及时测量水体水深有利于研究人员针对海洋生态系统、沿海工程、水域船舶航行安全以及全球气候变化做出更深层次的研究。海洋生态系统是全球生态系统中的重要一环。广阔的海洋蕴藏着丰富的资源，包括海洋生物、石油等，及时进行海洋生态资源探索不仅能带来巨大的经济效益，还能为沿海国家带来军事方面的价值。能够有效探索海洋生态资源的前提是对海洋整体地形环境以及生态环境有一个基本认识，从而指导资源探测工作。

浅海是指陆地周围水深小于500m的区域，浅海的水深信息是浅海区域船舶航行、浅海环境治理、浅海资源开发利用等必不可少的基础地理空间信息。湖泊面积占全球陆地面积的1.8%，总面积约为270万km^2。湖泊是全球水体的重要组成部分之一，也是重要的国土资源，具有调节河川径流、提供饮用水源、繁衍水生生物、改善湖泊附近区域生态环境等多种功能。在带来巨大经济效益的同时，湖泊也是生态系统中各圈层相互作用的联结点，具有维持区域生态系统平衡和反演生物多样性的特殊功能。湖泊在形成后会受到外部自然因素和内部各种过程的持续作用而不断演变，大量的人类活动以及全球气候变暖会导致某些湖泊水深在某一时间段内有着大幅度的变化，从而进一步影响陆地水循环生态系统。进行及时的湖泊水深监测可以发现水深不按以往规律进行变化，从而及时施加人为干预，延缓湖泊水深变化，进而可以大大减轻人类活动及气候对全球生态系统的影响程度。河流指的是水汇集在地面低洼处，在重力作用下周期性向更低处进行流动。中国有两条母亲河，分别是世界排名第三的长江以及世界排名第五的黄河。母亲河的存在对中国社会发展具有重要意义，在交通运输、灌溉、发电和水产事业等方面都为人们带来了重要财富。河流水深是区域内河流流量大小的主要标志，河流水深监测变化具有重要实际意义，根据水深的变化可以预报洪水和推算洪峰水位高度及其变化情况。内河航道合适的水深有利于船舶航行，及时的水深预测可以大大降低船舶搁浅的可能性。

水深遥感反演因为具有覆盖面积大、数据更新时间短以及数据收集成本低的特点，近年来逐步成为了测量水深的重要手段之一，遥感反演水深技术也是对传统水深测量方法和技术的补充和改进。根据工作原理和工作方式的不同，遥感测深方法主要可以概括为光学测深、激光雷达测深和微波雷达测深3种。

光学测深属于被动遥感方法，其基本原理是太阳光经过大气、大气-水体界面和水体等介质的传播，到达水底或水下目标物，被反射后又经逆向传播被卫星传感器接收。因此可以基于光对不同水体所表现出来的透射性差异，利用多光谱数据（包括紫外、可见光、近红外和中红外波段等）来获取水深数据，通过模型运算并结合实测水深数据来获得大范围的水深信息。随着光学遥感测深技术的迅速发展，逐渐形成了理论解译模型、半理论半经验模型以及统计相关模型等多种水体遥感测深方法，其中统计相关模型法需要大量的实测水体数据，并不需要考虑光在水体传播过程中的光学传播特性，人们可以短时间内获取多源高分辨率卫星影像，并借助遥感图像处理技术实现地面信息的提取、判读、分析与应用。基于遥感在大范围信息提取与经济效益上的优势，研究学者开始将多源遥感技术与水深反演进行结合，实现对近海区域水深反演，探寻近海区域海底地形。由于光学遥感图像中光谱信息丰富，地物轮廓特征明显，因此十分适用于目标地物提取与分类。

机载激光雷达测深是一种主动测量技术，具有精度高、覆盖面广、测点密度高、测量周期短、低消耗、易管理、高机动性等优点，被认为是海洋测绘领域极具潜力的新技术。现如今，相对成熟的机载激光雷达测深技术已经在水下地貌特征提取、水底分类和浅海水深测量等方面得到了广泛应用，但是由于测深激光脉冲在大气-水界面以及水体中传播路径复杂，回波信号受到许多因素的影响，进而会影响水深测量精度。

微波雷达探测以 SAR 测深为主要代表。SAR 是一种主动式微波成像雷达，利用电磁波的散射进行目标探测和距离测量。传统的雷达主要解决油污目标的问题，而合成孔径雷达同时具有对目标识别和成像的能力，为人们提供了丰富的观测信息。

PIE - Basic 遥感图像基础处理软件是一款集遥感与 GIS 于一体的高度自动化、简单易用的工程化应用平台，主要面向国内外主流的多源、多载荷遥感影像数据提供遥感图像的基础处理、预处理、信息提取及专题制图等全流程处理功能。软件采用组件化设计，可根据用户具体需求进行灵活定制，具有高度的灵活性和可扩展性，能更好地适应用户的实际需求和业务流程，现已广泛应用于教育、科研、气象、海洋、水利、农业、林业、国土、减灾、环保等多个领域。

本章依据李经纬等(2022)描述的江苏海州湾附近海域，基于 Landsat TM、ETM＋遥感影像数据，利用多光谱组合确定水深评估值模式，在进行辐射校正以及大气校正后对多光谱遥感数据进行波段运算后，结合论文确定公式对研究区域进行水深反演遥感研究，最终确定该区域的相对水深，用以指导实际工作。

9.2 原理与思路

9.2.1 水深遥感基本原理

进入水体内的光接收到水体及其底质的吸收和散射，随着水深的加大，光源因海水中水分子、溶解物质及水中粒状物（有机和无机）吸收以及悬浮颗粒的散射而逐渐衰减，可见光在水体中的衰减系数越小，则对水体的穿透性越好。这种衰减作用可以表达为

$$T_r = e^{-\alpha}$$

式中：T_r 为入射辐射能量在水深 z 的分量；α 为光的衰减系数。

该衰减系数决定了光在水体遥感中的可测深度。不同的水体，由于所含物质的不同，在可见光波段有不同的衰减系数。对水中信息进行透射遥感的最有效波段在波段 2(0.45～0.515μm)和波段 3(0.525～0.600μm)之间。

多光谱遥感反演水深的精度在 10%～30%之间，探测水深在 30m 内，虽然不能完全代替常规测量，但是至少可以为常规测量提供重要的施工参考。传感器接收到的辐射亮度包含有水深信息，通过适当方法可以从辐射亮度中提取水深信息。这些方法主要有以下几种。

(1)波浪模式。在于对水质和海底底质类型空间差异大的区域探测水深较为有效，但是探测的水深极其有限)。

(2)密度法。①解析法根据光在水体中的辐射传输过程中的物理光学特性而建立的光辐传输方程，具有明确的物理意义，但是参数较难以获得。②统计法模型简单，反演精度高，但是需要一定量的实测水深点数据作为支撑，这对于难以获得实测数据的水深遥感模型有很大的制约作用。

(3)水体散射遥感监测模型。一定范围内的水深可以与卫星观测到的信号相联系，并且由于水面具有与后向散射相关的特性，从而克服了底层反射模型的局限性。

李经纬等(2022)针对不同泥沙浓度和地形特征，建立相关水深反演模型用于感兴趣区域的水深提取，本章依托该研究涉及到的水深反演双波段模型用于本次研究中。

本章目的是让研究人员初步了解和快速认知沿海区域的水深情况，因此，本章测量的是研究区域的相对水深，并未使用海图数据中的测深点数据。

9.2.2 实验步骤

实验步骤如图 9.1 所示。

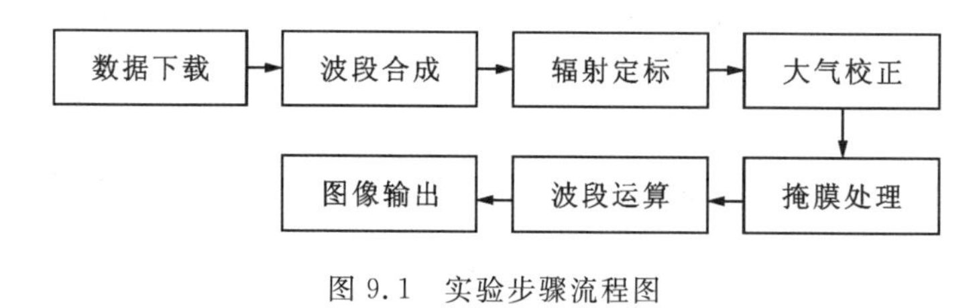

图 9.1 实验步骤流程图

9.3 数 据

本章使用 Landsat 8 的 OLI 数据。Landsat 8 在空间分辨率和光谱特性等方面与 Landsat 1～7 保持基本一致，每 16d 可以实现一次全球覆盖。Landsat 8 携带的两个传感器分别是 OLI 和 TIRS，具体参数见表 7.2。

OLI 有 9 个波段,成像宽幅为 185km×185km。与 Landsat 7 上的 ETM+传感器相比,OLI 做了以下调整:①波段 5 的波段范围调整为 0.845~0.885μm,排除了 0.825μm 处水汽吸收的影响。②波段 8(全色波段)范围较窄,从而可以更好地区分植被区域和非植被区域。③新增两个波段。波段 1(海岸波段,0.433~0.453μm)主要被应用于海岸带观测,波段 9(卷云波段,1.360~1.390μm)被应用于云检测。

TIRS 有两个单独的热红外波段,主要用于收集地球两个热区地带的热量流失,目的是了解所观测地带的水分消耗。

9.4 操作步骤

9.4.1 数据下载

首先从地理空间数据云平台下载云量较少、靠近浅海的研究区域的数据。结果显示,研究区域上方影像清晰无云,含云量 0.73%。

9.4.2 波段合成

Landsat 8 数据具有 11 个波段,具体各个数据波段参数见表 7.2。在利用 PIE - Basic 软件进行辐射定标之前,需要先将波段 8(全色波段)、波段 9(卷云波段)以及波段 10 和波段 11 两个热红外波段去掉,按照波段 1、波段 2、波段 3、波段 4、波段 5、波段 6、波段 7 的排列顺序进行波段合成,然后对波段合成后的数据进行辐射定标和大气校正。各个波段的数据通过“文件选择”对话框逐一加载(图 9.2)。

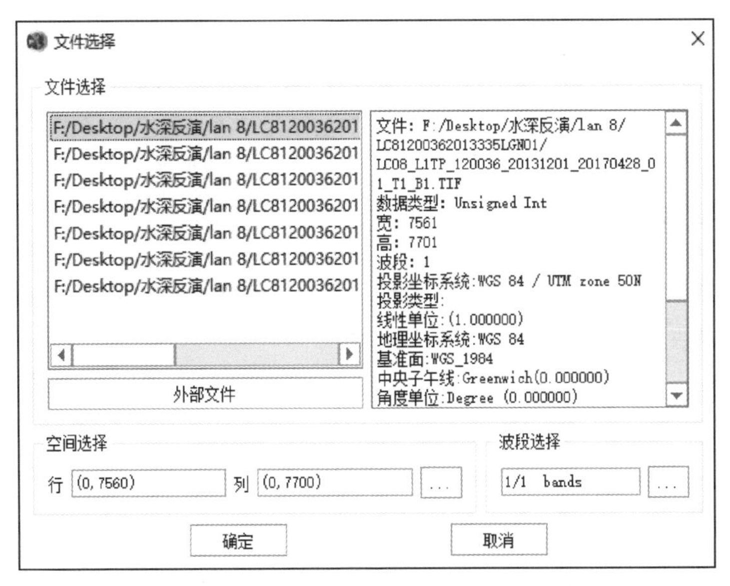

图 9.2 “文件选择”对话框

首先在常用功能的图像运算中选取波段合成操作选项，弹出“Layer Stacking”（波段合成）对话框（图 9.3），点击【…】进行文件选择，空间选择与波段选择不进行自行输入，软件自动识别；支持从当前图层列表中选择文件或从外部文件中选择文件两种方式，这里本章选择从外部文件中选择波段合成文件，分别是 B1、B2、B3、B4、B5、B6、B7。

其次选择【输出分辨率】，为系统默认读取；【输出方式】可以设置为交集或并集，交集为两幅图像相叠加的部分，并集为包含全部的两幅影像的范围，这里选择“交集”选项进行波段合成；【输出文件】，设置波段合成结果的保存路径与其文件名，保存路径为“F:/Desktop/水深反演/波段合成/波段合成.tif”，最后点击【确定】完成波段合成操作。

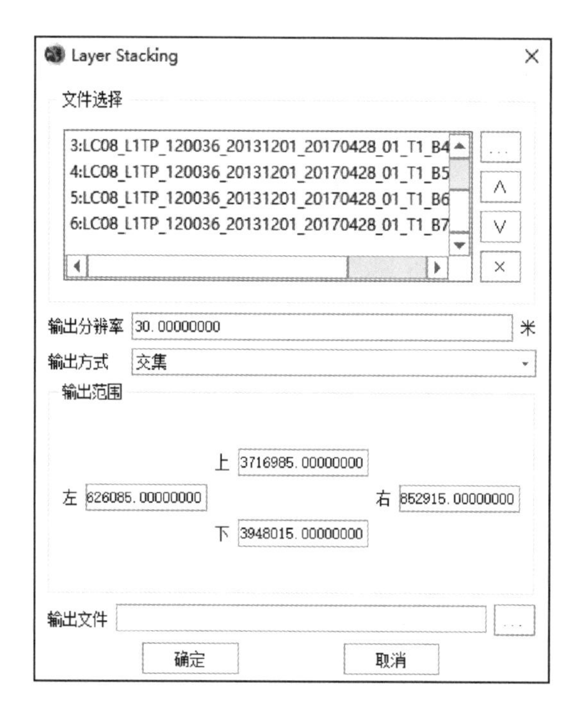

图 9.3 “Layer Stacking”对话框

9.4.3 辐射定标

辐射定标是使用大气纠正技术将影像数据的灰度值转化为表观辐亮度、表观反射率等物理量的过程，以纠正传感器本身产生的误差。

下载的 Landsat 8 影像数据已经过几何校正，所以需要先进行辐射定标，即通过影像定标系数中的增益值（gain）和偏移值（offset）把量化的 DN 值转化为辐射率（radiance）进行辐射定标，也就是将 DN 值转换为卫星载荷入瞳处等效表观辐亮度数据（L_λ），计算公式见式（7.1）（$L_\lambda=\alpha_{\text{gain}}\times\beta_{\text{DN}}+\varepsilon_{\text{offset}}$）。

其次利用表观辐亮度（L_λ）计算表观反射率（ρ），计算公式见式（7.2）$\left(\rho=\dfrac{\pi\cdot L_\lambda\cdot d^2}{\varphi_{\text{ESUN}}^{\lambda}\cdot\cos\theta}\right)$。

首先在【图像预处理】标签下选择【辐射定标】，具体参数设置如下(图 9.4)：

辐射定标

输入文件 F:/Desktop/水深反演/波段合成/波段合成.tif

元数据文件 LGN01/LC08_L1TP_120036_20131201_20170428_01_T1_MTL.txt

定标类型

○ 表观辐亮度 ◉ 表观反射率/亮温

输出文件 F:/Desktop/水深反演/lan 8/辐射定标lan8/辐射定标.tif

确定 取消

图 9.4 “辐射定标”对话框

【输入文件】是前小节已经经过波段合成的前 7 个波段合成影像数据；下载的 MTL.txt 文件包含了辐射定标所需要的各个参数，所以【元数据文件】一栏中选择以“MTL.txt”结尾的 *.txt 文件进行元数据输入项；大气校正的输入项是表观反射率，所以在进行辐射定标操作过程中，【定标类型】选择“表观反射率/亮温”；最后对【输出文件】进行命名，本环节保存路径为“F:/Desktop/水深反演/lan 8/辐射定标 lan8/辐射定标.tif”。最后完成辐射定标操作。操作结果图像如图 9.5 所示。

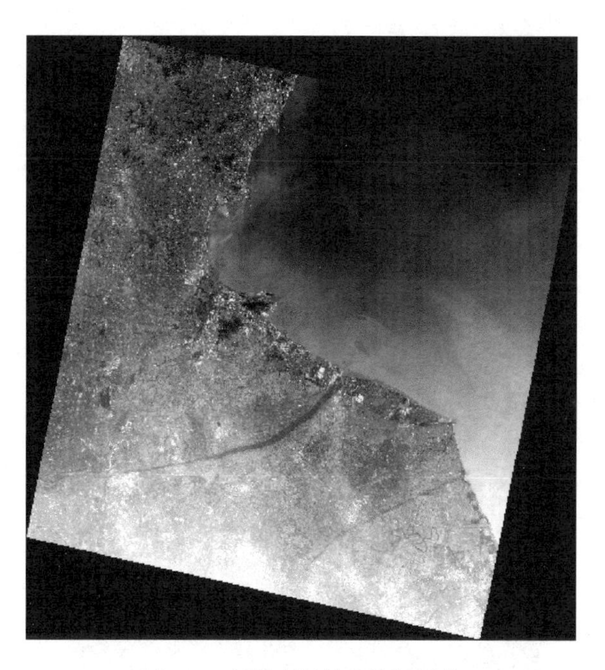

图 9.5 辐射定标处理结果图像

9.4.4 大气校正

点击【图像预处理】→【辐射校正】→【大气校正】，打开“大气校正”对话框，如图 9.6 所示。

大气校正

输入信息

数据类型

DN值　表观辐亮度　表观反射率

输入文件 F:/Desktop/水深反演/lan 8/辐射定标lan8/辐射定标.tif

元数据文件 200362013335LGN01/LC08_L1TP_120036_20131201_20170428_01_T1_MTL.txt

参数设置

大气模式 中纬度冬季大气模式

气溶胶类型 海洋型气溶胶

初始能见度 40.0 KM 逐像元反演气溶胶 是

输出文件

确定　取消

图 9.6 “大气校正”对话框

大气校正是以经过辐射定标后的表观反射率作为输入量，所以【数据类型】中我们选择【表观反射率】功能，【输入文件】选择经过辐射定标后的“辐射定标. tif”文件，【元数据文件】依旧选择以“MTL. txt”结尾的数据文件作为输入量。【参数设置】选择默认选项，【大气模式】选择系统自动选择大气模式，【气溶胶类型】选择“海洋性气溶胶”，【初始能见度】选择“40. 0”，最后以“大气校正. tif”作为大气校正操作的输出文件。操作结果图像如图 9.7 所示。

图 9.7 大气校正处理结果图像

9.4.5 掩膜处理

陆地水域对海洋区域水深反演结果具有一定影响，容易导致界限不清晰、成图不规范。为避免该情况的发生，本节拟对该图像做掩膜处理，将陆地区域与海洋区域分隔开。现进行掩膜处理相关步骤的描述：

掩膜是一个由 0 和 1 组成的二值图像。当对一幅图像应用掩膜时，1 值区被保留，0 值区被舍弃（1 值区被处理，0 值区被屏蔽不参与计算）。

创建掩膜的前提是对感兴趣研究区域创建一个属于研究区域专属的 shp 矢量文件，用以后续创建掩膜时的矢量文件输入；点击【常用功能】→【掩膜工具】→【创建掩膜】，弹出“创建掩膜”对话框，如图 9.8 所示。

图 9.8 “创建掩膜”对话框

【基准文件】输入与创建掩膜相关联的栅格图像数据，这里选择了经过前期处理的“大气校正. tiff”文件。【文件类型】选择“矢量文件”，导入刚才创立的海洋区域的“掩膜. shp”文件，最后以“掩膜数据. img”输出。【掩膜区域】可以选择有效或者无效：当选择有效时，则属性文件范围内的掩膜区值为 1，即为处理保留区，属性文件范围外的区域为 0 值区；当选择无效时，属性文件范围内的掩膜区域为 0 值区，属性文件范围外的区域为 1 值区。这里我们选择“有效”，可根据实际矢量文件进行判断再处理。本环节创建掩膜后图像如图 9.9 所示。

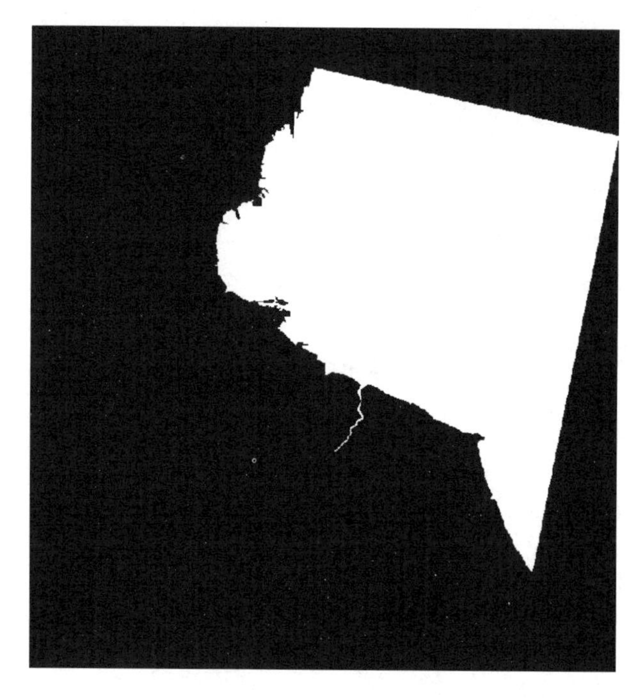

图 9.9　掩膜示意图

创建掩膜后，进行海洋区域的应用掩膜操作。点击【常用功能】→【掩膜工具】→【应用掩膜】，弹出“应用掩膜”对话框，如图 9.10 所示。

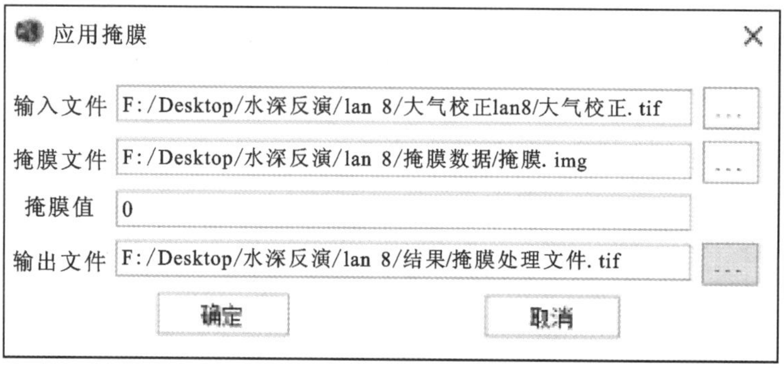

应用掩膜

输入文件	F:/Desktop/水深反演/lan 8/大气校正lan8/大气校正. tif	...
掩膜文件	F:/Desktop/水深反演/lan 8/掩膜数据/掩膜. img	...
掩膜值	0	
输出文件	F:/Desktop/水深反演/lan 8/结果/掩膜处理文件. tif	...

确定　取消

图 9.10　“应用掩膜”对话框

【输入文件】输入已经过预处理后的“大气校正. tiff”文件；【掩膜文件】输入经过创建掩膜操作后的“掩膜. img”文件；【掩膜值】默认输入为 0；最后以“掩膜处理文件. tif”文件输出。掩膜处理输出图像如图 9.11 所示。

可以明显看出，经过掩膜处理后，海洋区域被明显提取出来，有利于后面的水深反演提取操作。

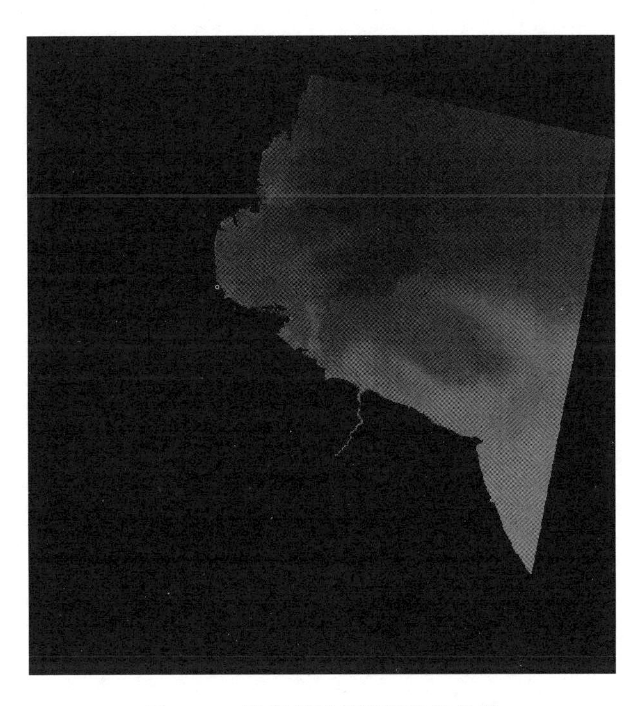

图 9.11 海洋区域掩膜提取结果图

9.4.6 波段运算

使用波段运算工具可以进行波段间的运算。

PIE-Basic 软件支持的运算函数及优先级如表 9.1 所示。

表 9.1 波段运算函数及优先级

分类	运算函数
四则运算符	+(加)、-(减)、×(乘)、/(除)
关系运算符	≥(大于等于)、≤(小于等于)
三角运算符	sin(正弦)、cos(余弦)、tan(正切)、cot(余切)
	arcsin(反正弦)、arccos(反余弦)、arctan(反正切)、arccot(反余切)
逻辑运算符	AND(与)、OR(或)、XOR(异或)、NOT(非)
对数运算符	log(对数)、ln(自然对数)、lg(以 10 为底的对数)
指数运算符	指数(^)

其中,波段运算中括号属于第一优先级,指数运算属于第二运算级,乘、除运算属于第三优先级、加减运算以及和或运算属于第四运算级,其余运算函数属于第五优先级。

(1)运用文献公式,我们输入了 $335.578\times(\ln(b2)/\ln(b3))-306.138$ 作为波段运算公式进行波段运算操作,其中 b2 和 b3 分别代表波段 2 以及波段 3(图 9.12)。

输入表达式 (提示: 变量名为b1, b2...bn或者B1, B2...Bn)　清空列表

335.578*(ln(b2)/ln(b3))-306.138

7	8	9	+	-	*	/
4	5	6	^	==	()	!=
1	2	3	<=	>=	<	>
0	.	清除	round	abs	sqrt	exp
			三角	逻辑	对数	

加入列表

确定　取消

图 9.12　波段运算输入公式示意图

(2)点击【确定】,其中 b2、b3 选择"掩膜处理文件. tif"的波段 2 和波段 3,输出文件输出路径保存为"F:/Desktop/水深反演/lan 8/结果/双波段运算结果. tif"。波段运算后的预览图像如图 9.13 所示。

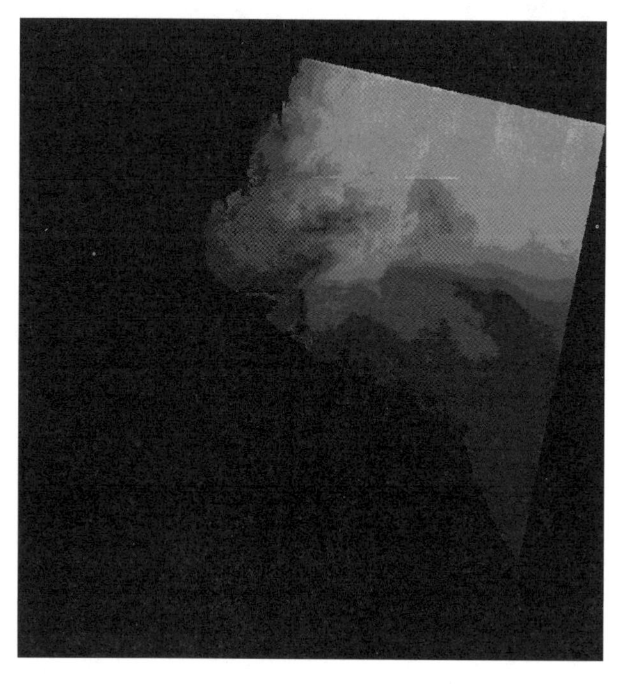

图 9.13　水深提取结果图

9.5 结果与验证

为便于区分，我们将栅格渲染一栏中的已分类进行颜色带划分以及分类再选择，具体参数见图 9.14。

经过参数设置后，将水深反演图与经过前期预处理后的大气校正图像结合，如图 9.15 所示。

从图 9.15 中可以较为明显地看出，靠近陆地区域的海洋水深较浅，越远离海岸线，水深越深，大致符合基本情况。

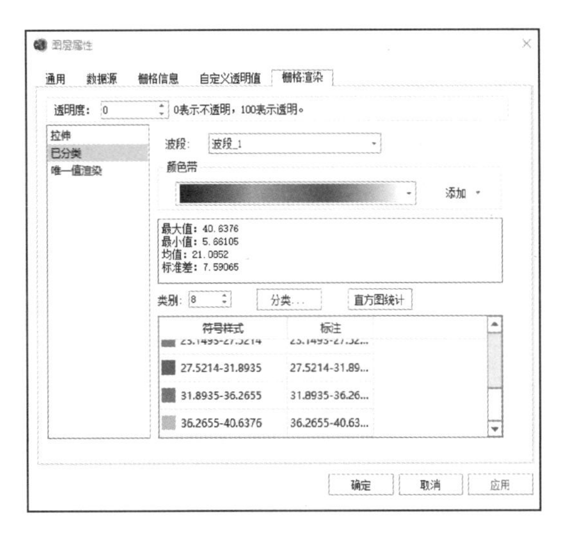

图 9.14 水深提取再分类

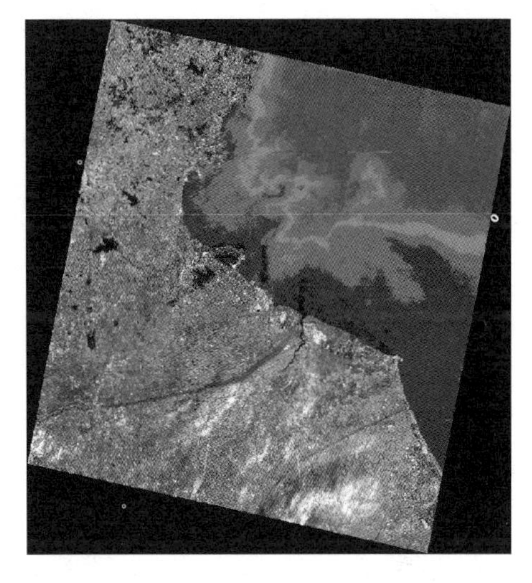

图 9.15 水深提取结果与陆地区域结合

主要参考文献

曹乔波. 四种水深反演算法的比较与分析[J]. 地球科学前沿,2023,13(5):526-536.

党福星,丁谦. 多光谱浅海水深提取方法研究[J]. 国土资源遥感,2001(4):53-58.

樊建勇,黄海军,樊辉,等. 利用 RADARSAT-1 数据提取海水养殖区面积[J]. 海洋科学,2005(10):44-47.

高彦贵,林幼权. SAR 图像辐射校准模型与误差分析[J]. 现代雷达,2010,32(6):39-42.

耿丹,刘婷婷,李超. 结合 FY-4A 卫星及随机森林的日间沿海海雾识别模型的研究[J]. 海洋预报,2022,39(3):83-93.

关学彬,张翠萍,蒋菊生,等. 水产养殖遥感监测及信息自动提取方法研究[J]. 国土资源遥感,2009(2):41-44.

郭华东. 雷达对地观测理论与应用[M]. 北京:科学出版社,2000.

国家卫星气象中心. 风云四号系列[EB/OL]. [2022-10-26]. http://fy4.nsmc.org.cn/nsmc/cn/satellite/FY4.html.

航天宏图. 高效分割,精准分类——PIE-SIAS 基于尺度集影像分析软件问世[EB/OL].(2018-11-30)[2023-09-16]. https://www.sohu.com/a/278810110_747443.

航天宏图信息技术股份有限公司. 产品中心[EB/OL]. [2023-07-06]. https://www.piesat.cn/website/cn/pages/product/.

胡波,刘明. 遥感技术在海域态势感知中的应用[J]. 世界知识,2021(19):74.

胡姣婵,黄梦迪,于浩洋,等. 基于哨兵二号遥感影像的近海养殖区提取方法研究[J]. 海洋环境科学,2022,41(4):619-627.

黄妙芬,宋庆君,陈利搏,等. 基于归一化遥感反射比反演水中石油含量模式研究[J]. 海洋技术学报,2015,34(1):1-9.

纪茜. 基于遥感影像的水深反演方法研究[D]. 上海:上海海洋大学,2021.

简俊,刘龙,张迎香,等. 国产卫星遥感技术在海事监管中的应用[J]. 中国海事,2023(3):11-14.

焦红波,查勇,李云梅,等. 基于高光谱遥感反射比的太湖水体叶绿素 a 含量估算模型[J]. 遥感学报,2006,10(2):242-248.

郎紫晴. 基于风云四号的海雾识别算法及对海洋航线影响研究[D]. 南京:南京信息工程大学,2022.

李传玉. 船舶冬季渤海冰区航行安全分析[D]. 大连:大连海事大学,2012.

李经纬，杨红，王春峰，等．基于 Landsat 8 卫星的江苏北部近岸海域水深遥感反演研究[J]．海洋湖沼通报，2022，44(6)：23－32．

李颖，李冠男，崔璨．基于星载 SAR 的海上溢油检测研究进展[J]．海洋通报，2017，36(3)：241－249．

刘朋．SAR 海面溢油检测与识别方法研究[D]．青岛：中国海洋大学，2012．

刘玥，庞小平，赵羲，等．1979—2018 年南极海冰边缘区范围时空变化研究[J]．极地研究，2021，33(4)：508－517．

陆应诚，刘建强，丁静，等．中国东海“桑吉”轮溢油污染类型的光学遥感识别[J]．科学通报，2019，64(31)：3213－3222．

马艳娟，赵冬玲，王瑞梅．基于 ASTER 数据的近海水产养殖区提取方法对比研究[J]．测绘通报，2011(1)：59－63．

农业农村部渔业渔政管理局．2021 年全国渔业经济统计公报[EB/OL]．(2022－07－21)[2023－05－17]．http://www.moa.gov.cn/xw/bmdt/202207/t20220721_6405222.htm? eqid=d1cfd97a0000cf2000000006642e631b．

庞蕾，聂志峰．星载多光谱浅海水深测量方法[J]．山东理工大学学报(自然科学版)，2003，17(6)：59－61．

彭望琭．遥感概论[M]．2 版．北京：高等教育出版社，2021．

戚甲伟，任照宇，赵金秀，等．多光谱遥感影像的两种浅海水深反演模型对比与分析[J]．海洋学研究，2020，38(1)：50－58．

任永强，李婷，崔一霖，等．基于 PIE 的国土空间规划双评价系统设计与实现[J]．华北理工大学学报(自然科学版)，2021，43(4)：6－11．

沈秋，高伟，李欣，等．GF－1 WFV 影像的中小流域洪涝淹没水深监测[J]．遥感信息，2019，34(1)：87－92．

史宏达，韩治，路晴．风-浪联合开发技术研究现状及发展趋势[J]．海岸工程，2022，41(4)：328－339．

司光．基于静止气象卫星的海雾监测方法研究[D]．宁波：宁波大学，2021．

王菁晗．基于 SAR 图像的规模性电力设施识别研究[D]．兰州：中国地震局兰州地震研究所，2022．

王婧宇．基于卫星遥感多光谱浅海水深反演[J]．内蒙古科技与经济，2016(4)：74．

王志勇，王丽华，刘健，等．基于多源中高分辨率遥感数据提取渤海辽东湾海冰要素信息[J]．自然灾害学报，2021，30(1)：174－182．

王宗良．基于微波遥感数据的北极海冰时空变化研究[D]．西安：西安科技大学，2020．

熊亮，周少飞．PIE 遥感图像处理软件赋能油气矿业权遥感监测[N/OL]．中国自然资源报，2021[2022－12－26]．https://www.mnr.gov.cn/dt/ch/202102/t20210201_2609439.html．

徐升，张鹰．长江口水域多光谱遥感水深反演模型研究[J]．地理与地理信息科学，2006，22(3)：48－52.

许维凯．海上风电发展趋势分析与探讨[J]．资源节约与环保，2023(1)：140－143.

杨兆楠，任金铜，任芳．基于PIE－Engine的草海保护区地表覆盖信息提取及变化监测[J]．科学技术创新，2023(3)：10－14.

叶明，李仁东，许国鹏．多光谱水深遥感方法及研究进展[J]．世界科技研究与发展，2007，29(2)：76－79.

于瑞宏，许有鹏，刘廷玺，等．应用多光谱遥感信息反演干旱区浅水湖泊水深[J]．水科学进展，2009，20(1)：111－117.

于五一，李进，邵芸，等．海上油气勘探开发中的溢油遥感监测技术——以渤海湾海域为例[J]．石油勘探与开发，2007，34(3)：378－383.

张磊，牟献友，冀鸿兰，等．基于多波段遥感数据的库区水深反演研究[J]．水利学报，2018，49(5)：639－647.

张亮亮．基于PSO算法的海上风电建设多目标优化研究[D]．保定：华北电力大学，2022.

张培，吴东．基于Himawari－8数据的日间海雾检测方法[J]．大气与环境光学学报，2019，14(3)：211－220.

张赛，樊博文，禹定峰，等．基于多尺度融合网络的辽东湾海冰提取方法研究[J]．海洋测绘，2023，43(1)：68－72.

张晰，张杰，纪永刚．基于纹理特征分析的辽东湾SAR影像海冰检测[J]．海洋科学进展，2008，26(3)：386－393.

张辛，周春霞，鄂栋臣，等．MODIS多波段数据对南极海冰变化的监测研究[J]．武汉大学学报(信息科学版)，2014，39(10)：1194－1198.

张振兴，郝燕玲．卫星遥感多光谱浅海水深反演法[J]．中国航海，2012，35(1)：13－18.

赵泉华，王肖，王雪峰，等．2015—2020年辽东湾海冰冰情时空特征及其影响因素[J]．地球信息科学学报，2021，23(11)：2025－2041.

赵英时．遥感应用分析原理与方法[M]．2版．北京：科学出版社，2013.

中国航海学会．中国航海科技发展报告(2020版)总报告[M]．上海：上海浦江教育出版社，2021.

周嘉儒．基于船基图像自动提取北极冰面特征机器学习算法研究[D]．大连：大连理工大学，2022.

周小成，汪小钦，向天梁，等．基于ASTER影像的近海水产养殖信息自动提取方法[J]．湿地科学，2006，4(1)：64－68.

左涛，郭玉娣，刘彬贤，等．基于MODIS数据的辽东湾海冰面积特征分析及与气温关系的探讨[J]．海洋预报，2021，38(5)：47－52.

ALPERS W, HÜHNERFUSS H. Radar signatures of oil films floating on the sea surface and the Marangoni effect[J]. Journal of Geophysical Reaserch: Oceans, 1988, 93(C4): 3642 - 3648.

BREKKE C, SOLBERG A H S. Oil spill detection by satellite remote sensing[J]. Remote Sensing of Environment, 2005, 95(1): 1 - 13.

CHATURVEDI S K, BANERJEE S, LELE S. An assessment of oil spill detection using Sentinel 1 SAR - C images[J]. Journal of Ocean Engineering and Science, 2020, 5(2): 116 - 135.

CHEN J Y, MAO Z H, PHILPOT B, et al. Detecting changes in high - resolution satellite coastal imagery using an image object detection approach[J]. International Journal of Remote Sensing, 2013, 34(7): 2454 - 2469.

CHEN P, ZHOU H, LI Y, et al. Shape similarity intersection - over - union loss hybrid model for detection of synthetic aperture radar small ship objects in complex scenes[J]. IEEE Journal of Selected Topics in Applied Earth Observations and Remote Sensing, 2021, 14: 9518 - 9529.

CLOUDE S R, POTTIER E. An entropy based classification scheme for land applications of polarimetric SAR[J]. IEEE Transactions on Geoscience and Remote Sensing, 1997, 35(1): 68 - 78.

CURLANDER J C, MCDONOUGH R N. Synthetic aperture radar[M]. New York: Wiley, 1991.

FINGAS M. The basics of oil spill cleanup [M]. 3rd ed. Boca Raton: CRC Press, 2012.

GELDSETZER T, YACKEL J J. Sea ice type and open water discrimination using dual co - polarized C - band SAR[J]. Canadian Journal of Remote Sensing, 2009, 35(1): 73 - 84.

GRENFELL T C. A radiative transfer model for sea ice with vertical structure variations[J]. Journal of Geophysical Research Atmospheres, 1991, 96(C9): 16991 - 17001.

GUO H, WU D N, AN J B. Discrimination of oil slicks and lookalikes in polarimetric SAR images using CNN[J/OL]. Sensors, 2017, 17(8): 1837[2023 - 05 - 20]. https://doi.org/10.3390/s17081837.

HALL D K, RIGGS G A, SALOMONSON V V. Development of methods for mapping global snow cover using moderate resolution imaging spectroradiometer data[J]. Remote Sensing of Environment, 1995, 54(2): 127 - 140.

HUANG X X, WANG X F. The classification of synthetic aperture radar oil spill images based on the texture features and deep belief network[C]//WONG W E, ZHU T S. Computer engineering and networking. Lecture notes in electrical engineering, Volume 277. Cham: Springer, 2014: 661 - 669.

LARDNER R,ZODIATIS G. Modelling oil plumes from subsurface spills[J]. Marine Pollution Bulletin,2017,124(1):94 - 101.

LI G N,LI Y,LIU B X,et al. Marine oil slick detection based on multi - polarimetric features matching method using polarimetric synthetic aperture radar data [J/OL]. Sensors,2019,19(23):5176[2023 - 06 - 12]. https://doi. org/10. 3390/s19235176.

LIU B X,LI Y,CHEN P,et al. Extraction of oil spill information using decision tree based minimum noise fraction transform[J]. Journal of the Indian Society of Remote Sensing, 2016,44(3):421 - 426.

LIU B X,LI Y,ZHANG Q,et al. The application of GF - 1 imagery to detect ships on the Yangtze River[J]. Journal of the Indian Society of Remote Sensing,2017,45(1):179 - 183.

LIU B X,ZHANG W,HAN J S,et al. Tracing illegal oil discharges from vessels using SAR and AIS in Bohai Sea of China[J/OL]. Ocean and Coastal Management,2021,211 (4):105783[2023 - 08 - 20]. https://doi. org/10. 1016/j. ocecoaman. 2021. 105783.

LIU P,LI Y,LIU B X,et al. Semi - automatic oil spill detection on X - band marine radar images using texture analysis,machine learning,and adaptive thresholding[J/OL]. Remote Sensing,2019,11(7):756[2023 - 10 - 15]. https://doi. org/10. 3390/rs11070756.

LOPEZ - MARTINEZ C,FABREGAS X. Polarimetric SAR speckle noise model[J]. IEEE Transactions on Geoscience and Remote Sensing,2003,41(10):2232 - 2242.

MALENOVSKÝ Z,ROTT H,CIHLAR J,et al. Sentinels for science: potential of Sentinel - 1,- 2,and - 3 missions for scientific observations of ocean,cryosphere,and land[J]. Remote Sensing of Environment,2012,120:91 - 101.

MCFEETERS S K. The use of the normalized difference water index (NDWI) in the delineation of open water features[J]. International Journal of Remote Sensing,1996,17 (7):1425 - 1432.

PIESAT. PIE - Basic 大气校正[EB/OL]. 博客园. (2020 - 07 - 06)[2023 - 09 - 16]. https://www. cnblogs. com/PIESat/p/13322932. html.

PIESAT. PIE - Basic 辐射定标[EB/OL]. 博客园. (2020 - 07 - 07)[2023 - 09 - 16]. https://www. cnblogs. com/PIESat/p/13261034. html.

REN C Y,WANG Z M,ZHANG Y Z,et al. Rapid expansion of coastal aquaculture ponds in China from Landsat observations during 1984 — 2016[J/OL]. International Journal of Applied Earth Observation and Geoinformation,2019,82:101902[2023 - 06 - 25]. https://doi. org/10. 1016/j. jag. 2019. 101902.

SORIOT C,PICARD G,PRIGENT C,et al. Year - round sea ice and snow characterization from combined passive and active microwave observations and radiative transfer modeling[J/OL]. Remote Sensing of Environment,2022,278:113061[2023 - 07 - 08]. https://doi. org/10. 1016/j. rse. 2022. 113061.

SU H,WANGY P. Using MODIS data to estimate sea ice thickness in the Bohai Sea (China) in the 2009 - 2010 winter[J]. Journal of Geophysical Research Oceans,2012,117(C10):995 - 1000.

TORRES R,SNOEIJ P,GEUDTNER D,et al. GME Sentinel - 1 mission[J]. Remote Sensing of Environment,2012,120:9 - 24.

VELOTTO D,MIGLIACCIO M,NUNZIATA F,et al. Dual - polarized TerraSAR - X data for oil - spill observation[J]. IEEE Transactions on Geoscience and Remote Sensing, 2011,49(12):4751 - 4762.

WRIGHT J W. A new model for sea clutter[J]. IEEE Transactions on Antennas and Propagation,1968,16(2):217 - 223.

XU M Q,WU M,GUO J,et al. Sea fog detection based on unsupervised domain adaptation[J]. Chinese Journal of Aeronautics,2022,35(4):415 - 425.

XU W X,LIU Y X,WU W,et al. Proliferation of offshore wind farms in the North Sea and surrounding waters revealed by satellite image time series[J/OL]. Renewable and Sustainable Energy Reviews,2020,133:110167[2023 - 05 - 21]. https://doi. org/10. 1016/j. rser. 2020. 110167.

YU P,QIN A K,CLAUSI D A. Feature extraction of dual - pol SAR imagery for sea ice image segmentation[J]. Canadian Journal of Remote Sensing,2012,38(3):352 - 366.

ZHANG T,TIAN B,SENGUPT A D,et al. Global offshore wind turbine dataset[J/OL]. Scientific Data,2021,8(1):191[2022 - 10 - 20]. https://doi. org/10. 1038/s41597 - 021 - 00982 - z.

ZIBORDI G, MARACCI G. Reflectance of Antarctic surfaces from multispectral radiometers:the correction of atmospheric effects[J]. Remote Sensing of Environment, 1993,43(1):11 - 21.